2013 年 卫 星 遥 感 应用技术交流论文集

杨 军 主编

气象出版社
China Meteorological Press

内 容 简 介

本书内容包括卫星资料在数值天气预报、暴雨、台风、降雪、中尺度天气分析、自然灾害监测等领域的应用,卫星资料处理和产品开发等方面的技术总结和讨论。这些内容对进一步推动和提高我国卫星资料特别是风云卫星资料的应用具有重要的指导意义。

本书对从事气象和环境卫星遥感资料应用分析的业务、科技和管理人员,特别是气象业务第一线的业务技术人员有很高的参考价值,对有关院校的教学、科研工作也具有一定的参考作用。

图书在版编目(CIP)数据

2013年卫星遥感应用技术交流论文集/杨军主编.
—北京:气象出版社,2014.4
ISBN 978-7-5029-5891-6

Ⅰ.①2… Ⅱ.①杨… Ⅲ.①卫星遥感-文集 Ⅳ.①TP72-53

中国版本图书馆 CIP 数据核字(2014)第 032192 号

2013年卫星遥感应用技术交流论文集

杨 军 主编

出版发行:气象出版社
地 址:北京市海淀区中关村南大街46号
邮政编码:100081
网 址:http://www.cmp.cma.gov.cn
E-mail:qxcbs@cma.gov.cn
电 话:总编室:010-68407112,发行部:010-68409198
责任编辑:李太宇 袁信轩
终 审:周诗健
封面设计:博雅思企划
责任技编:吴庭芳
印 刷 者:北京地大天成印务有限公司
开 本:787 mm×1092 mm 1/16
印 张:10
字 数:256 千字
版 次:2014 年 4 月第 1 版
印 次:2014 年 4 月第 1 次印刷
定 价:70.00 元

本书如存在文字不清、漏印以及缺页、倒页、脱页等,请与本社发行部联系调换

《2013年卫星遥感应用技术交流论文集》
编 委 会

序

作为气象卫星发展中一项基础性工作,卫星遥感应用是使大量卫星观测数据"落地生根",体现气象卫星的效益。2010年《气象卫星应用发展专项规划(2010-2015年)》实施以来,气象卫星资料在气象业务服务以及科研中的应用得以持续拓展、深入推进,对气象预报预测、防灾减灾、应对气候变化和生态文明建设的支撑作用逐步增强,效果明显。

我们高兴地看到,2013年卫星遥感应用工作又获可喜进展。气象卫星天气预报应用平台(SWAP)和遥感监测分析应用平台(SMART)在全国推广应用,有力地促进了省级气象部门卫星资料应用能力和效益的提高;风云二号卫星每6分钟一次的高频次区域加密观测,助力中央气象台台风路径预报水平再上新台阶,在提升汛期气象服务能力和水平上贡献突出;风云三号卫星雾霾监测产品在提供雾霾分布和传输过程分析决策服务中大显身手,提高了环境气象的监测服务能力;风云二号卫星定标业务系统的改进完善,显著优化了卫星定量产品质量。

可以说,气象卫星遥感应用工作已经进入了一个良性发展的阶段。卫星观测能力的改善,卫星数据和产品质量的提升,为深入广泛开展气象卫星遥感应用夯实了基础。但是,我们也必须认识到,在全面推进气象现代化、大力发展现代气象业务的新形势下,提高卫星遥感的应用能力和应用水平,特别是提高卫星资料的数据质量、定量化应用水平以及在数值预报等核心业务中的应用能力等,依然是我们面临的艰巨任务,需要我们付出更多的努力。

提高卫星资料应用水平,要靠卫星应用队伍素质的不断提升,有赖于卫星遥感应用与科研的有效互动,更离不开相关技术的深入交流。在中国气象局局长郑国光的具体推动下,从 2010 年开始,由国家卫星气象中心和中国气象局预报与网络司联合牵头,每年度组织一次卫星遥感应用技术交流会,到今年已经是第四届了。本届交流会以卫星资料在天气分析与数值预报中应用为专题进行研讨,交流的针对性和目的性更加明确,效果更加凸显。纵观交流论文,不难发现,其内容紧密结合业务应用,特别是定量分析的水平明显提高,较为全面地体现了卫星资料在天气分析与数值预报业务中应用的特点和进展,其中不乏观点新颖、研究深入的好论文。值得注意的是,来自地、市一级气象业务技术人员的交流论文数量明显增加,从一个侧面反映卫星遥感应用及科研不断向纵深延伸。

　　一年一度的技术交流会既搭建了一个业务技术交流的平台,也成为卫星资料应用技术发展进步的展示平台。四年来的实践表明,这样的技术交流会对提高卫星遥感应用水平、推动卫星遥感科研成果的业务应用和成果辐射起到了积极的推动作用。在此,我对 2013 年卫星遥感应用技术交流会的组织和承办单位以及为论文集出版付出辛勤劳动的同志们表示衷心的感谢,并希望,全国气象卫星遥感应用技术交流会能够持之以恒,越办越好,为更好地发挥风云气象卫星应用效益,进一步推进我国现代气象业务发展贡献更大力量。

（中国气象局副局长）

2014 年 3 月于北京

前　言

　　为促进卫星遥感应用技术交流，推进卫星资料在气象预报预测业务中的应用，提高卫星遥感对气象现代化的支撑能力，2013 年 4 月，中国气象局预报与网络司、国家卫星气象中心和内蒙古自治区气象局在内蒙古呼和浩特市组织召开了"2013 年全国卫星应用技术交流会暨卫星天气应用平台技术研讨会"。本次交流会共收到来自全国 31 个省级气象部门和 4 个局直属业务单位 110 篇论文，经专家筛选有 56 篇论文做大会交流，其中 10 篇交流论文获大会优秀论文奖。

　　本次交流会的主题是卫星资料在数值预报和天气分析中的应用，交流内容主要包括卫星资料在数值预报模式和台风、暴雨以及降雪、大雾、沙尘等天气分析业务中的应用，均为业务一线人员对卫星资料在实际业务中应用情况的总结和提炼，较全面地反映了卫星遥感尤其是风云卫星在天气分析和数值预报模式业务中的应用现状与进展，对卫星资料在气象业务中的应用具有很强的指导意义。为进一步体现技术交流的成效，使更多遥感应用工作者受益，特从本次会议交流论文中精选部分论文编辑出版。

　　本次会议的成功召开和论文集的出版，得到了中国气象局有关职能司、各省(自治区、直辖市)气象局和气象出版社的大力支持与通力合作。特别是论文编审组专家给每篇入选论文提出了宝贵的修改意见，为文集顺利出版付出了辛勤的劳动，借此机会，对上述单位和个人以及所有论文作者一并表示感谢！

杨　军

2014 年 3 月

目　　录

GRAPES 卫星资料应用进展[①]

张 华 黄 静 龚建东 李 娟

刘 艳 刘桂青 韩 威

（中国气象局数值预报中心，北京 100081）

摘 要：近年来我国数值天气预报业务虽然取得了长足的进步，但是与欧美等发达国家相比还存在较大的差距，特别是在资料同化分析技术和卫星资料应用方面。为了缩短我国与发达国家在业务数值预报领域之间的差距，我们根据发达国家业务中心的应用经验并结合我国的实际情况，开展了 FY-3，METOP，NOAA 系列的 ATOVS 类辐射率资料和高光谱大气红外探测器 AIRS 资料，GPS 掩星资料，风云导风等资料的技术开发。初步解决了资料质量控制，同化分析中云检测、通道选择、稀疏化、偏差订正等关键技术问题，实现了这些资料在 GRAPES 模式中的应用。同时，我们还进行了变分偏差订正、高阶递归滤波方案及多尺度滤波器、变分质量控制等新技术的研发。目前 FY-3、NOAA-19、AIRS 及 FY-2E 导风资料已基本具备业务应用的能力，其他新增资料和新技术也已取得初步成功。

关键词：卫星辐射率资料；GRAPES 全球预报模式；资料同化

1 引言

随着数值天气预报模式的不断完善，对初始场质量的要求也在不断提高。由于气象卫星可进行全球覆盖探测，卫星资料在天气和气候分析预报中的作用愈来愈受到重视。特别是在三维和四维变分同化系统中采用直接同化卫星辐射资料的方法后，其对全球天气预报的作用已经得到了肯定。

由中国气象局数值预报中心研发的新一代数值预报系统 GRAPES（Global/Regional Assimilation and Prediction System）采用三维变分同化技术，调用的辐射传输模式采用欧洲中期数值预报中心（ECMWF）开发的辐射传输模式 RTTOV（薛纪善等，2008）。GRAPES-3DVar 系统可以直接同化 ATOVS、高光谱 AIRS 及 GPS 等多种卫星资料。然而每种卫星资料都有其自身特点，对应的同化关键技术也有很大不同，下面详细对各类卫星资料在 GRAPES-3DVar 中的应用进展进行阐述。

2 极轨卫星 ATOVS 类（FY-3，NOAA-18/19，METOP）微波辐射率资料开发

微波辐射率资料受云的影响相对较小，其在数值预报中发挥了很大的作用。ECMWF 等

① 行业专项（GYHY201206002）资助。

第一作者：张华，主要从事资料同化研究. E-mail：zhangh@cma.gov.cn

通讯作者：黄静，主要从事资料同化研究. E-mail：huangj@cma.gov.cn

业务中心已经通过试验证明,微波温度计(AMSUA)资料对数值预报的贡献最大。我国GRAPES-3DVar中也是最先开展了对ATOVS类资料的研发,已能同化NOAA15-17的微波辐射率资料。近几年NOAA-18/19及METOP卫星相继发射成功,我们也对这些资料的偏差订正、质量控制、稀疏化处理、观测误差协方差估计等关键技术进行了开发,已用于GRAPES准业务系统中。

　　FY-3A卫星是我国自主研发的气象卫星,其资料同化应用的核心技术问题是资料的观测算子和质量控制问题。在前期已经建立的可以直接同化风云三号卫星资料的GRAPES全球三维变分同化系统基础上,对FY-3A MWTS资料的应用技术进行了改进。首先,卫星中心发现了FY-3A的MWTS观测资料存在频点漂移的问题,并按照新的频率重新统计了RTTOV-7的MWTS的透过率系数,该系数应用到全球GRAPES系统,提高了观测资料精度;其次,针对该观测资料对偏差订正系数重新进行了统计;再次,分析对比了卫星中心提供的利用VIRR的可见光和红外通道开发的云检测产品,并与MSPPS的METOP AMSUA的云水产品比较,说明该云检测方法可以识别大部分的降水云,与传统的卫星亮温观测与模式模拟之差(O-B)大于3 K的方法比较,说明VIRR的云检测产品识别的降水云更为准确;最后,利用双权重方法对MWTS资料做了质量控制,双权重质量控制可以剔除O-B较大的数据。经过质量控制和偏差订正后,数据偏差明显减小,分布更加均匀,高斯正态分布的特征更为明显(图1)。2010年2月19日—4月27日连续试验表明,FY-3A的MWTS资料的直接同化可以提高全球GRAPES系统的分析效果,主要表现在南半球和东亚高层有一定改善。

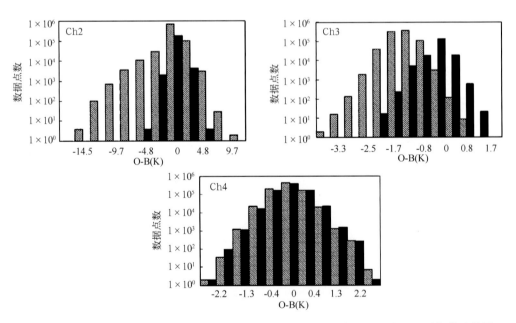

图1　FY-3A MWTS 2,3,4通道经过质量控制和偏差订正后(黑色),卫星亮温观测与模式模拟
数据之差(O-B)数据的分布,较质量控制前(灰色),数据质量明显改善

3 风云 FY-2E 云导风资料

国家卫星气象中心在云导风生成环节,改善风云二号卫星红外和水汽通道数据在低温端的定标误差,改善不透明云云顶红外、水汽关系的辐射传递算法。将半透明云红外、水汽关系的亮温拟合改为能量拟合。改善了不透明云顶理论温度与半透明云拟合能量交点的计算方法,并改善了水汽风的高度指定,用对运动做出贡献的像元进行高度指定。并研究提高反演过程中的逐级质量控制算法,风场质量有了较大的提高。

数值中心应用 MISR 三年的资料(2008—2010 年)对 FY-2E 全球云导风资料的质量进行了初步评估,结果显示 FY-2E 红外云导风资料有了较大改进,QI 指标有较好的指示意义,但 500～700 hPa 的云导风资料需要进一步分析原因(图 2)。

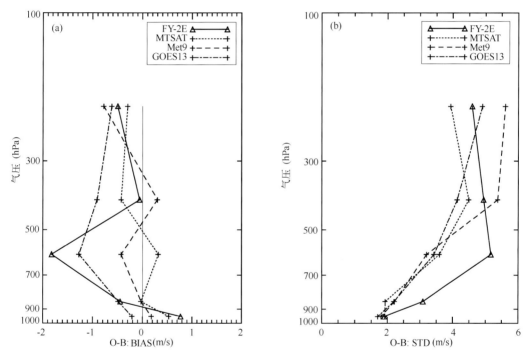

图 2　2011 年 5 月份 FY-2E、MTSAT、METEOSAT9 及 GOES13 质量指数 QI 大于 85 的红外云导风资料 O-B 的偏差(a)和标准差(b)统计结果,其中数值预报背景场使用的是中国气象局 T639 中期业务数值天气模式的 6 小时预报场

数值预报中心针对 FY-2E 云导风的资料特点,发展了一个基于背景场信息,对云导风做高度调整的变分订正方案。对 2010 年 5 月至 8 月四个月每天 00Z 和 12Z 两个时次的云导风资料进行了高度调整工作,图 3 给出了 300 hPa 云导风与探空整层风场的均方根误差(RMSE)垂直廓线,如果该层的云导风高度是准确的,那么和探空资料相对应层次的风速相比,求出的均方根误差将是最小的,这在均方根误差垂直廓线图上表现为该层出现一个极小值,理想情况下极小值两侧的曲线应该非常陡。高度订正前均方根误差最小值并不出现在 300 hPa 且其两侧曲率很小,订正后 FY2E 云导风高度精度明显提高,与 MTSAT-1R 接近。

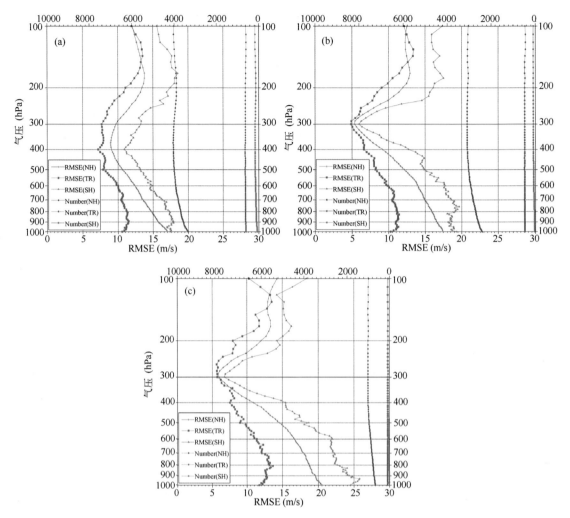

图 3　300 hPa 云导风与探空整层风场的均方根误差（RMSE）垂直廓线
（a. FY-2E 调整前；b. FY-2E 调整后；c. MTSAT-1R）

　　随后进行了分卫星的观测误差的估计，完成 GRAPES 全球模式中的初步同化试验。结果表明，在只有常规资料和 COSMIC 掩星观测资料的情况下，云导风对全球中期预报有正贡献，同时云导风的高度调整，对全球中期预报也有正贡献。

4　高光谱大气红外探测（AIRS、IASI）辐射率资料

4.1　AIRS 同化关键技术

　　AIRS 是一个扫描探测器，其光谱分辨率高于 1200，辐射精度优于 0.2 K，真正实现了高光谱高精度探测。我们通过对云检测、质量控制、通道选择、稀疏化处理、观测误差协方差估计等关键技术的开发和应用，建立了可以直接同化 AIRS 辐射率资料的 GRAPES 全球三维变分同化/数值预报模式系统。

4.1.1 云检测方法

借鉴 Goldberg(2003)的云检测思想,通过 AIRS 通道和相应微波通道的经验组合来进行云检测,此云检测方案的优点是不需要对通道进行偏差订正,并且除背景场海表温度,不依赖于大气的先验信息,是一个快速简单的云检测方案。此外,将其原来 NESDIS-Goldberg 的三个云检测步骤改为七个云检测步骤,其中海洋表面四个,陆地表面三个,并选择最优的阈值。2006 年 6 月 30 日的个例试验表明,该云检测方案较原方案可以更有效地检测出受到云污染的视场,晴空视场占到总视场的 10.1%。

4.1.2 偏差订正

最初参考 McNally 等(2006)的偏差订正方案,采用一个简化的全球平均偏差订正量,这种方案简单易行但没有充分考虑某些通道的偏差分布随纬度变化的特点及某些通道的偏差分布不对称(即偏态分布)问题。为此发展了一个新的偏差订正方案,将全球按纬度分为九个区域来分别订正,采用"mode"方法来统计偏差订正系数,而不是用算术平均值,并动态更新偏差订正系数。经试验,新方案明显优于原方案,尤其改善了中低层的分析场。图 4 是 AIRS 同化的影响试验,结果表明,增加同化 AIRS 资料后,能使南半球分析的均方根误差、偏差明显减小,北半球表现出中性效果。

4.1.3 通道选择

由于高光谱大气红外探测器(AIRS)通道很多,通道之间很容易存在极强的相关性。针对这点,提出了基于主分量累计影响系数的通道选择方法。首先,考虑到数据传输可能出现的错误,同化模式 GRAPES-3DVAR 的适应性和计算资源,对 2378 个通道的实际观测亮温进行初步的质量控制。然后对质量控制后的观测亮温进行主成分分析,得到每个通道对主分量的累计影响系数,根据累计影响系数的大小,进行通道排序,得到入选的通道子集。同化降水个例表明,该方法用于通道选择是可行的。

4.2 IASI 同化技术

4.2.1 云检测

目前 GRAPES 同化系统仅使用晴空卫星资料,即一旦确定有云就剔除该视场全部通道,导致大量数据被废弃。针对 IASI 资料的特征,借鉴 McNally 等(2003)云检测方案,对各类云进行分辨,确定云顶高度,对各通道资料做质量标记。经过云检测,高层基本不受云的影响,中层次之,地面晴空资料最少,结果是合理的。该方案也为有云区域卫星资料的应用奠定了良好的基础。

4.2.2 通道选择

IASI 资料有 8461 个通道,必须进行通道选择。基于主成分—逐步回归通道选择方法,同时考虑了信息量、相关性、模式分层和主观经验。为了达到全局最优并兼顾局部,如模式中上层或中下层信息,使用分区的思想,采用主成分—双区逐步回归法进行通道选择。进行温、湿度廓线反演的试验表明,主成分—逐步回归法用于通道选择是可行的。

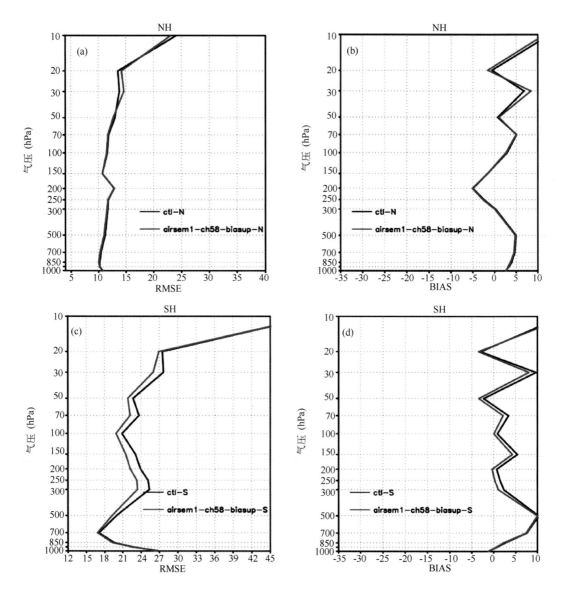

图 4　与 NCEP 分析对比的月平均均方根误差（RMSE）及偏差（BIAS）垂直分布

（黑线 ctl:控制试验;红线 airs＊:控制试验＋同化 airs 资料）

5　GPS COSMIC 掩星资料同化

　　GPS COSMIC 掩星资料的使用主要解决资料质量控制和稀疏化问题。质量控制主要是去掉具有超折射现象的观测资料。根据法国气象局的标准,对 GPS/RO 资料自身物理属性进行检查。在资料粗查的基础上,用双权重平均值和双权重标准差剔除离群资料。质量控制后,GPS 掩星资料的质量有所改善。最后进行资料的垂直和水平稀疏化。GRAPES 全球同化系统中有无 GPS 掩星资料的一个月的连续循环试验表明,GPS 掩星资料同化后显著地改善了全球分析效果,尤其是南半球,其他各层次与 500 hPa 的统计结果相似。

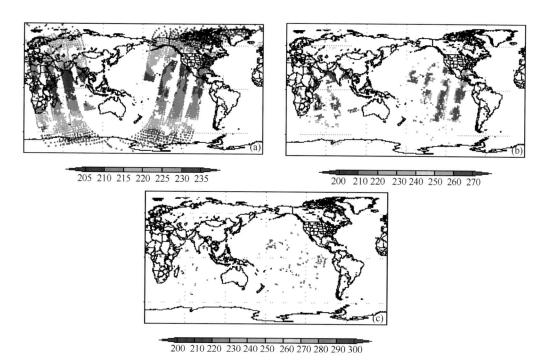

图5 云检测效果。其中：a. 波长 14.5 μm-1 权重函数的峰值在 100 hPa；b. 波长 13.5 μm-1 权重函数的峰值在 600 hPa；c. 波长 11.0 μm-1 权重函数的峰值在地表

6 总结

数值预报中心利用自主研发的 GRAPES 全球预报模式在卫星资料同化方面取得了很大进步，目前已可以直接同化 NOAA15-18 及 METOP 的微波辐射率资料；红外高光谱 AIRS 资料；GPS COSMIC 掩星等资料。另外，FY-3 微波辐射率、FY-2E 云导风、NOAA19 资料也已基本具备业务应用的能力。FY-3B 的 MWTS 和 MWHS，高光谱 IASI 资料已完成主要研发，下一步工作是完善偏差订正、云检测、通道选择、稀疏化处理、观测误差协方差估计等关键同化技术。对 GPS RO 资料将建立一个综合考虑物理、统计和模式特性的综合质量控制系统，完善掩星资料同化的观测算子，提高计算精度。

参考文献

薛纪善，陈德辉. 2008. 数值预报系统 GRAPES 的科学设计与应用. 北京：科学出版社.

Dee D. 2006. Bias and data assimilation. *Quart. J. Roy. Meteor. Soc.* ，**131**：3323-3343.

Goldberg M，Qu Y，2003. AIRS near-real-time products and algorithms in support of operational numerical weather prediction，*IEEE Trans. Geosci. Remote Sensing*，**41**(2)：379-388.

Harris B A，Kelly G. 2001. A satellite radiance-bias correction scheme for data assimilation. *Quart. J. Roy. Meteor. Soc.* ，**127**：1453-1468.

Liu Z，Zhang F，Wu X et al. 2007. A regional ATOVS radiance bias correction scheme for rediance assimilation. *Acta Meteorologica Sinica* (in Chinese)，**65**(1)：113-123.

McNally A P,Watts P D. 2003. A cloud detection algorithm for high spectral resolution infrared sounders [C]. *Quart. J. Roy. Meteor. Soc.* ,**129**:3411-3423.

McNally A,Watts P,Smith J. 2006. The assimilation of AIRS radiance data at ECMWF. *Quart. J. Roy. Meteor. Soc.* , **132**:935-957.

Purser R and Wu W. 2003. Numerical aspects of the application of recursive filters to variational statistical analysis. Part A: Spatially homogeneous and isotropic Gaussian convariances. *Mon. Wea. Rev.* , **131**: 1524-1535.

Saunders,R,Matricardi,M and Brunel,P. 1999. A fast radiative transfer model for assimilation of satellite radiance observations-RTTOV-5. ECMWF Tech. Memo.

Zhang H,Xue J,Zhu G,et al. 2004. Application of direct assimilation of ATOVS microwave radiances to typhoon track prediction. *Advances in Atmospheric Sciences*,**21**(2):283-290.

"7·21"山西北部区域性大暴雨成因分析[①]

杨 东[1] 苗爱梅[1] 李帅帅[2] 薄燕青[1]

(1. 山西省气象台,太原 030006;2. 山西省气象局财务核算中心,太原 030006)

摘 要:应用常规气象观测资料、NCEP1°×1°再分析资料和卫星云图高分辨率相当黑体亮温(TBB)资料,对 2012 年 7 月 20—21 日山西北部大暴雨过程的成因进行了分析。结果表明:此次区域性大暴雨过程发生在阻塞高压稳定维持以及副高进退的环流背景下;200 hPa 高空辐散场的长时间维持促使了上升运动的加强,有利于强降水的持续;700 hPa 低涡切变线是大暴雨产生的主要影响系统,其生成加强了低层的辐合和高空的辐散;低空西南急流的建立和维持为大暴雨的产生提供了源源不断的水汽和能量条件;降水前期不稳定能量的聚集为大暴雨的产生积累了能量,有利于大暴雨区的对流不稳定发展;副高边缘 β 中尺度对流云团的不断生成、发展与合并,导致强降水的产生,大暴雨出现在对流云团的东南侧。

关键词:区域性大暴雨;影响系统;成因分析

1 引 言

山西地形复杂,全省山脉沟壑交错,地形起伏异常显著。特殊的地形与不同尺度的天气系统相互作用,使得山西降水具有突发性强、时空分布极不均匀的特点(赵桂香等,2008)。2012 年 7 月 20—21 日,山西北部出现了区域大暴雨天气过程,其范围和强度之大,为历史之罕见。此次强降水造成了较大的人民财产损失和人员伤亡。对于暴雨过程许多专家已经做了细致研究,另外有些专家也针对山西暴雨做了探讨,赵桂香等指出,副热带高压进退是山西出现大范围暴雨的典型天气形势;苗爱梅等研究了不同预报模型中、低空急流与大暴雨落区的关系(苗爱梅等,1997,2010)。这些研究成果对暴雨的预报有非常重要的意义。但是针对山西大暴雨的成因探讨还很少,影响山西大暴雨形成的因素还需要细致分析。本文利用 NCEP1°×1°再分析资料和卫星云图高分辨率相当黑体亮温(TBB)资料,试图对大暴雨过程前后的环流背景、要素和形势的配置进行分析,并对一些物理量进行诊断,以揭示山西大暴雨形成的原因。

2 降水概况

2012 年 7 月 20 日 20 时—21 日 20 时(北京时,下同),受副热带高压进退影响,山西省北部出现区域性暴雨和大暴雨天气,24 h 降水量介于 0.1~268.1 mm 之间(见图 1a)。其中,20 个县市、159 个乡镇出现了暴雨,5 个县市、33 个乡镇降水量在 100 mm 以上。大暴雨主要出

① 资助项目:2013 年中国气象局预报员专项"2012 年相似环流背景下山西暴雨过程对比分析";山西省气象局青年基金课题"现代监测资料及中尺度分析在天气预报中的应用"

现在 21 日 00—20 时,小时最大雨强为 64.5 mm/h(怀仁河头站)。此次降水大约持续17～20 h,以河曲站为例,平均降水强度达到 7.43 mm/h,虽然平均降水强度不大,但是持续时间较长,达到大暴雨级别(见图 1b)。

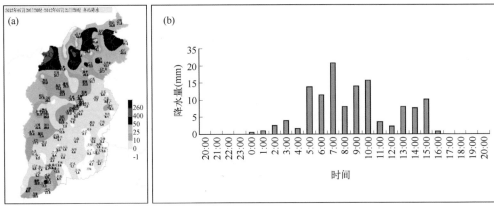

图 1　2012 年 7 月 20—21 日 24 h 降水量空间分布(a)及河曲站降水量随时间变化(b)

3　大尺度环流背景

3.1　500 hPa 环流形势

18 日 08 时 500 hPa 上,55°～65°N、65°～75°E 有阻塞高压开始生成,到 20 日 08 时,阻塞高压稳定维持。冷空气的不断补充,位于 50°～60°N 、95°～115°E 的切断低压不断加强。由于海上副热带高压较稳定,18—20 日阻塞高压和切断低压稳定维持。20 日 20 时贝加尔湖附近的冷涡携带较强冷空气南下,21 日 08 时形成西风槽东移南下,到达蒙古国—河套一带。

19—20 日副热带高压不断西伸北抬,20 日 20 时 5880 gpm 特征线西脊点伸至 107°E 附近。控制山西省的主要为 5840 gpm 特征线,其位置北抬到了内蒙古和山西省的交界线附近。21 日 08 时,副高迅速东退,5840 gpm 特征线也南退至临汾—阳泉一线,在此期间,山西省北部位于 5840 gpm 特征线边缘,受较强的暖湿气流控制,随着冷空气的南下,冷暖空气在此交汇,这就为大暴雨的发生提供了有利的水汽和能量条件。

3.2　200 hPa 高空辐散场

此次大暴雨期间,冷暖空气交汇于山西省的北部,其上空存在高空辐散区。20 日 20 时 200 hPa 上山西省北部处于高空急流入口区右侧,并且辐散场开始加强,21 日 08 时山西省北部出现超过 $8×10^{-5}$ s^{-1} 的散度中心,之后散度中心继续加强,超过了 $14×10^{-5}$ s^{-1}(见图 2a)。降水期间,山西省北部上空超过 $6×10^{-5}$ s^{-1} 的辐散场持续维持了 12 h 左右,之后移出山西省,造成 21 日 02—14 时山西北部 12 h 降水量超过了 100 mm。

4 影响系统分析

低涡切变线是此次大暴雨过程重要的影响系统,低空急流也为低涡的加强和强降水的产生提供有利的水汽和能量补充(吕梅等,1997,1998;吴海英等,2002)。21 日 02 时低涡东移北上至 38°~40°N,106°~108°E 区间内,同时南风气流开始加强,08 时低涡缓慢东移至 37°~40°N,107°~109°E 区间内,低涡切变线位于山西省北部(见图 2b),切变线南侧的西南风加强,达到 16 m/s,急流轴的出口指向山西省北部,风速的辐合正好位于此;14 时低涡移至山西省北部附近(见图 2c),水汽输送带持续维持,西南低空急流加强,虽然急流轴位置偏东,但山西省北部仍然有较强的风速辐合,强降水主要发生在 21 日 02—14 时之间,造成了山西省北部的区域大暴雨天气。

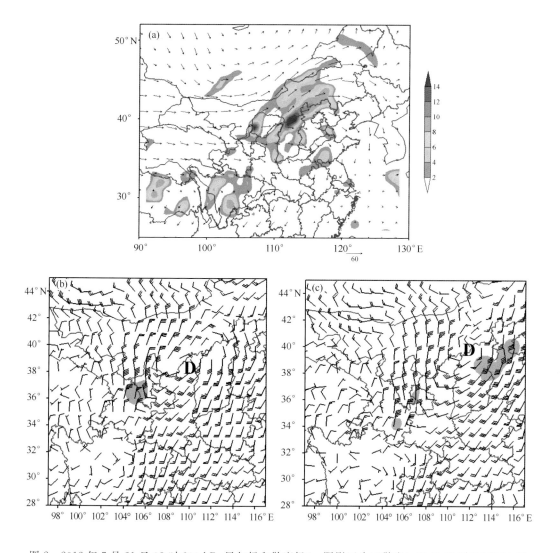

图 2 2012 年 7 月 21 日 08 时 200 hPa 风矢场和散度场(a,阴影区为正散度);21 日 08 时(b)和 14 时
(c)700 hPa 风场(风向标)及全风速(阴影,≥16 m/s)

5 物理量诊断分析

5.1 不稳定条件分析

分析本次大暴雨天气的抬升指数变化发现,20 日 20 时河套—山西北部地区已经处于抬升指数负值区,中心强度达到 -4(见图 3a),说明这一区域大气状态处于不稳定,有利于不稳定能量的加大和大气不稳定性的增强,至 21 日 14 时之前,山西北部都维持抬升指数负值区,随着降水的开始和不稳定能量的释放,抬升指数大值区强度有所减弱,20 时之后转变为正值区,大气层结趋于稳定。

大暴雨开始前 12 h,20 日 20 时 850 hPa 假相当位温图上,$\geqslant 348$ K 的高能舌伸向河套北部,山西省西北部位于 $\geqslant 348$ K 的高能区内,θ_{se} 的密集带呈东北—西南向位于内蒙古境内(图 3b)。21 日 08 时,高能舌继续维持,山西省西北部的中心强度达到 352 K,θ_{se} 密集带南压,到达河套地区,这一地区也是冷暖空气的交汇区,大暴雨出现在 θ_{se} 密集带偏高能高湿区一侧。这种能量分布持续到强降水的开始,为大暴雨的产生积累了充分的能量,有利于大暴雨区的对流不稳定发展。

5.2 水汽条件分析

大暴雨的产生需要本地上空有充沛的水汽和源源不断的水汽输送。此次大暴雨过程,20 日水汽通道开始建立,21 日西南低空急流将水汽源源不断地输送到山西省北部,21 日 08 时山西省北部 850 hPa 的比湿达到 14 g/kg,整层空气接近于饱和(图 3c)。

从水汽通量场也可以看出水汽的输送和积累过程。20 日 20 时 700 hPa 上河套西南部开始有水汽通量的大值区出现,中心强度达到 16 g/(s · hPa · cm),对应 850 hPa 上也有 15 g/(s · hPa · cm)的极值区出现。21 日 08 时水汽通量大值区东移至山西省境内,与西南低空急流相配合(见图 3d),说明有大量的水汽向山西上空输送。21 日 08 时 700 hPa 上,河套—山西北部维持一水汽通量散度的负值区,负值中心位于山西北部,中心值达到 -8×10^{-7} g · cm^{-2} · hPa^{-1} · s^{-1},至 14 时水汽通量散度负值区稳定维持,在此期间,山西北部出现了大暴雨天气,大量的水汽输送和辐合为大暴雨的发生提供了有利的水汽条件。

5.3 动力条件分析

沿大暴雨中心河曲站上空 111°E 作涡度和垂直速度的经向垂直剖面图,21 日 08 时大暴雨区上空 400 hPa 以下为正涡度区,正涡度中心位于 600~700 hPa 之间,中心强度达到 $12 \times 10^{-5} s^{-1}$,400 hPa 以上为负涡度区,中心强度达到 $-10 \times 10^{-5} s^{-1}$(图 3e),表明正涡度垂直层次较深厚,低层辐合高层辐散,有利于大暴雨的产生。从 08 时的垂直速度剖面图上可以看到(见图 3f),800 hPa 以上为垂直速度的上升区,垂直速度中心位于 300~400 hPa 之间,中心强度达到 -2.5×10^{-2} hPa/s,对应河曲站在 05—10 时出现了较强的降水。

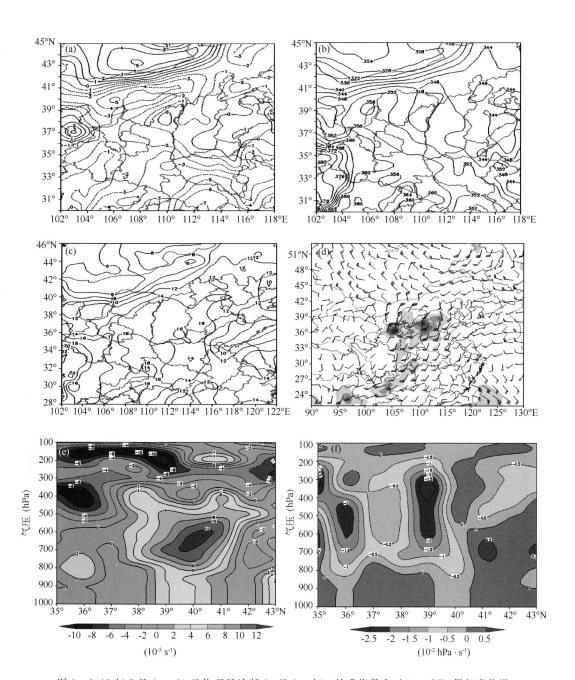

图 3　2012 年 7 月 20—21 日物理量诊断 20 日 20 时(a)抬升指数和(b)850 hPa 假相当位温,
21 日 08 时(c)850 hPa 比湿场,(d)风场和水汽通量场(填色为≥10 g/(s · hPa · cm)),
(e)沿 111°E 涡度垂直剖面,(f)沿 111°E 垂直速度垂直剖面

6　卫星云图相当黑体亮温(TBB)特征分析

图 4 是 2012 年 7 月 21 日 04—14 时 FY-2E 高分辨率相当黑体亮温(TBB)演变。从图中可以清楚地看到中尺度对流系统的移动和演变过程。21 日 00 时，副高边缘 TBB≤−53℃的冷云盖位于河套北部，随着高空槽带来的冷空气到达山西北部，副高边缘的降水云团随之东移。02 时沿副高边缘在降水云团母体后部激发出 5 个 β 中尺度对流云团。21 日 04 时对流云团①、②与降水云团母体合并的过程中，在山西与陕西的交界处生成一个 TBB≤−63℃的 β中尺度对流云核 a，对应 04:00—05:00 河曲站附近开始产生较强降水。05 时对流云团③、④、⑤发展合并成为新的中尺度对流系统(MCS)，TBB≤−53℃的冷云盖面积达到 $7.1×10^4\,km^2$，陕西北部生成 β 中尺度对流云核 b，07 时 a、b 两云核在山陕交界处合并，山西省西北部的降水开始加强，06:00—07:00 河曲站 1 h 降水量达到 20.8 mm，到 09 时 MCS 迅速减弱并消散，04:00—10:00 河曲站 6 h 降水量超过了 80 mm。11 时 β 中尺度对流云团⑥在陕西北部与山西省的交界处生成，之后进入山西北部向东北方向移动。13 时，对流云团⑥加强，中心强度TBB 值达到−63℃(见 β 中尺度对流云核 c)，在其东移的过程中造成了山西东北部的暴雨天气。20 时之后，对流云团移出山西省，山西北部降水减弱并趋于结束。

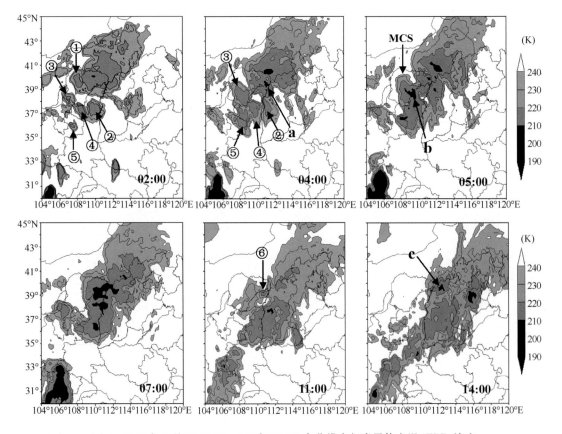

图 4　2012 年 7 月 21 日 04—14 时 FY-2E 高分辨率相当黑体亮温(TBB)演变

7 结论

(1)此次区域大暴雨发生在阻塞高压维持的背景下;副热带高压的进退为大暴雨的产生提供了有利的大尺度环境背景条件;

(2)200 hPa高空强气流流出使山西北部上空辐散增强,有利于上升运动的加强,高空辐散场的长时间维持,有利于降水的持续性;

(3)低涡切变线是大暴雨产生的主要影响系统;西南低空急流和水汽通道的维持提供了充沛的水汽条件,有利于大暴雨的产生;

(4)低层辐合和高层辐散,以及强烈的上升运动是大暴雨发生的动力条件;降水前期不稳定能量的聚集为大暴雨的产生积累了充分的能量,有利于大暴雨区的对流不稳定发展;

(5)沿副高边缘不断有β中尺度对流云团生成、发展与合并,强降水出现在对流云团的发展与合并过程中,大暴雨出现在对流云团的东南侧。

参考文献

吕梅,陆汉城.1997.春季江淮气旋发展的诊断研究[J].气象科学,**17**(1):10-16.

吕梅,周毅,陆汉城.1998.气旋快速发展的机制分析[J].气象科学,**18**(4):348-354.

苗爱梅,吴晓荃,薛碧清.1997.1996年8月3—5日晋冀特大暴雨中尺度分析与预报[J].气象.**23**(7):24-29.

苗爱梅,武捷,赵海英等.2010.低空急流与山西大暴雨的统计关系及流型配置[J].高原气象,**29**(4):939-946.

吴海英,寿绍文.2002.位涡扰动与气旋的发展[J].南京气象学院学报,**25**(4):510-517.

赵桂香,高晶,高建峰.2008.山西省夏季三类典型强降水的集合预报试验[J].气象科学,**28**:8-14.

2011 年 8 月中旬一次强降雨的卫星资料特征分析

陈瑞敏　　康文英　　王荣英　　马小山

(河北省衡水市气象局,衡水 053000)

摘　要:利用 MICAPS 常规高空、地面观测资料、FY-2 红外云图及 TBB 等资料,对 2011 年 8 月中旬河北东南部强降雨过程的卫星云图特征以及降雨云系发生和发展的物理机制进行了分析,得到以下结论:这次强降雨过程是在副高外围高温高湿的不稳定层结条件下,超低空急流和低空切变触发了对流云团的发生发展,在地面辐合线和低空辐合中心附近产生的;此次过程有 MCC 和 MCS 的生消发展过程,其中主要有三个 MCS 先后影响,第一个和最后一个 MCS 分别发展为 MCC;冷平流从高层逐渐向下渗透,自上冷下暖的不稳定层结转为低层冷平流弱,中高层冷平流强的不稳定层结,再转为高低层冷平流相当的稳定层结。低层大量水汽聚集为产生 MCC 暴雨提供了水汽条件;云顶亮温的低值中心出现时段与强降雨出现时段基本吻合,高值中心出现时段与无降雨时段也基本吻合。主要降水出现在云团发展的成熟阶段,TBB 骤降时可能预示强降雨的发生。

关键词:强降雨;云图特征;MCS(中尺度对流系统);MCC(中尺度对流复合体);云顶亮温

1　引言

卫星在监测各种尺度的天气系统的发生、发展和演变方面起着越来越重要的作用。近年来,随着我国 FY-2C 及 FY-2D 卫星的红外、水汽、可见光以及导出产品的应用,在热带气旋、锋面等系统影响下的暴雨云团、中尺度对流系统的发展和演变等方面的研究成效显著(朱亚平等,2009;方宗义等,2006;范俊红等,2009;李勋等,2009;陈渭民,2008)。暴雨产生和加强与云团合并加强关系密切(于希里等,2001),与云团形状、云团所经过区域及红外云图云顶亮温密切相关(杨晓霞等,2008)。本文选用 2011 年 8 月 14—16 日 MICAPS 常规高空、地面观测资料、FY-2 红外云图及 TBB 资料、国家卫星中心的数据下载服务提供的 FY-2D 的相当黑体亮温数据文件,对 2011 年 8 月中旬的强降雨过程的卫星云图特征以及降雨云系发生和发展的物理机制进行了分析,探讨灾害性暴雨发生发展的物理机制,为做好强降雨预报提供借鉴。

2　暴雨概况

受暖湿气流和冷空气的共同影响,8 月 14 日到 16 日,河北省大部分地区先后出现强降雨天气,截至 16 日 08 时,全省平均降雨量为 53.6 mm,50 mm 以上降雨主要分布在张家口东部、承德大部、唐山中南部、秦皇岛南部、保定、廊坊大部、石家庄西南部和北部、沧州和衡水等地(图 1),有 64 个县市降雨量超过了 50 mm,其中在承德、保定、沧州、衡水等地有 19 个县市降雨量超过 100 mm,故城县最大达 248 mm;有 180 个乡镇降雨量超过了 100 mm,其中有 9 个乡镇雨量超过 250 mm,海兴的高湾乡最大达 337.2 mm。此次降雨为今年夏季以来最强一次降雨过程。受强降雨影响,暴雨积涝和部分区域伴随的雷雨大风使衡水的桃城区、冀州市、深州市、安平、武邑、阜城、故城等县(市、区)的部分乡镇玉米、棉花倒伏、农田渍涝明显,农业损失显著。15 日下午 15 时 40 分左右,故城县郑口镇两人遭受雷电灾害,造成一死一伤。

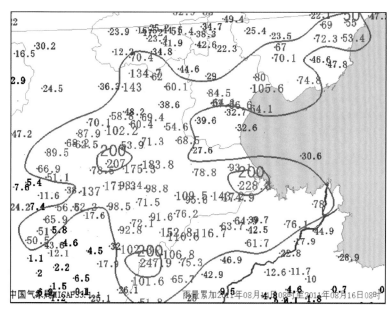

图 1　2011 年 8 月 14 日到 16 日河北中南部雨量分布

3　环流形势特征和主要影响系统

14 日 08 时 500 hPa 副高呈东西带状分布,584 dagpm 线在 39°N 附近,588 dagpm 线位于我国东南沿海,中纬度也为平直偏西气流控制,冷空气主要在 40°N 以北东移。700 hPa 在二连到河西走廊东部一带为东北—西南向切变线,850 hPa 在河套经山西到河北西部为一大低压,40°N 附近有横切变,在低压前部和副高外围之间的西南气流较强,但位置偏东南,其中广西、湖南、湖北一线有 ≥12 m/s 的急流核。20 时(图 2)副高加强北抬,584 dagpm 线达到 40°N,588 dagpm 线控制河北省南部,700 hPa 切变略东移,850 hPa 西南气流随副高加强略西北上,925 hPa 偏南气流也随副高加强西移北上,其中邢台出现 12 m/s 的急流核。地面图上(图 3)从 14 日下午到夜间在河北东南部一直存在东南风与东北风之间形成的地面辐合线。在副高外围高温高湿的不稳定层结条件下,超低空急流和低空切变触发了对流云团的发生发展,从而 14 日夜间在地面辐合线和超低空急流核附近产生了大范围的强降雨过程。

15 日河北中部位于 200 hPa 高空急流出口区右侧,500 hPa(图 4、图 5)副高位置及强度变化不大,仍呈东西带状分布,河北中南部处于 584 dagpm 线与 588 dagpm 线之间的西风带中,高温高湿没有破坏,热力条件极好,700 hPa 处于弱切变附近,850 hPa 河套附近的低压北部东移明显,南部少动,形成东北—西南向低压带,并在河北中部形成低环流,并有弱温度槽从东北地区伸向河北中东部,925 hPa 低环流位置略偏东。虽然低空西南急流明显偏东南,但在低环流后部 850 hPa 东北风加大到 10～14 m/s,东北风急流伴随冷空气在低环流附近加强了辐合,地面处于蒙古高压前的低压带顶部暖区,有风场的辐合,高低空配合又产生了强降雨。

16 日副高南撤,584 dagpm 线压到河北南部,高温高湿的不稳定层结不复存在,850 hPa 处于切变后部较强偏北气流控制,地面冷锋过境,转入低压后部高压前部,降雨逐渐停止。

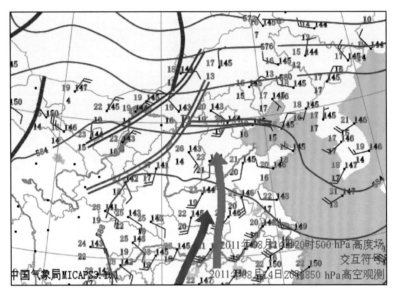

图 2　2011 年 8 月 14 日 20 时高低空天气形势配置
(红、黑粗箭头分别为 850、925 hPa 最大风带)

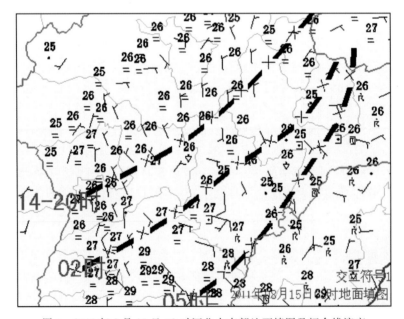

图 3　2011 年 8 月 15 日 08 时河北中南部地面填图及辐合线演变

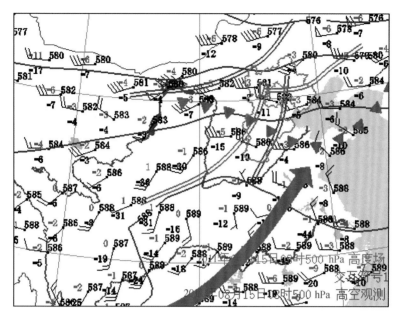

图 4　2011 年 8 月 15 日 08 时高低空天气形势配置
（红色点断线为 850 hPa 20℃温度线）

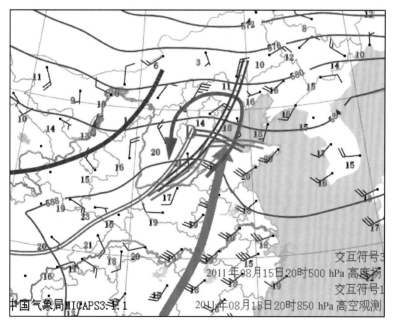

图 5　2011 年 8 月 15 日 20 时高低空天气形势配置

　　14 日下午到夜间在副高外围高温高湿的不稳定层结条件下,超低空急流和低空切变触发了对流云团的发生发展,在地面辐合线和超低空急流核附近产生了大范围的强降雨过程。15日下午到夜间高温高湿的不稳定层结仍然存在,低层形成辐合中心,低层冷空气南下和地面冷锋是强对流的触发系统。

4　卫星云图及云顶亮温 TBB 分析

参考文献(寿绍文等,2003;费增坪等,2008),取卫星云图上云顶亮温 TBB≤−32℃的云团为 MCS(中尺度对流系统,下同),满足−32℃以下云罩面积在 10 万 km² 以上,且−53℃以下云罩面积在 5 万 km² 以上,维持达 6 h 以上的椭圆形暴雨云团为 MCC(中尺度对流复合体,下同)。

因这次强降水过程主要发生在河北平原中东部,本文主要以衡水地区各县观测站降水自记资料进行分析。根据降水自记资料分析,衡水的强降水时间主要集中在 15 日 0—08 时、15—17 时、21 时—16 日 02 时,根据卫星云图资料分析,此次过程有 MCC 和 MCS 的生消发展过程,其中主要有 3 个 MCS 先后影响,其中第一个和最后一个 MCS 分别发展为 MCC。下面分阶段进行分析。

4.1　第一阶段

15 日 0—08 时,降水自西北部向东南部先后影响衡水,除西南部的冀州和东南部故城外,其他大部雨量达大雨到暴雨。

14 日 16 时在 700 hPa 切变云系前部的石家庄到保定一带有弱云系发展,并逐渐东移南压减弱,19 时切变云系右前方的石家庄一带有云团加强,对应地面有风场辐合,20 时(图 6a)形成圆形对流云团 B,此对流云团迅速发展加强,范围不断扩大,21 时(图 6b)形成直径 100 km 左右的近似圆形的 MCS,22 时向东扩展到衡水中西部,直径达 150 km 左右。另据自动站风场资料显示,14 日 22 时在保定西南部有一风场的气旋性辐合,23 时(图 6c)向东北方向移到保定南部,东南风力加大,气旋性辐合加强,对应此时对流云团 C 迅速生成发展,此后云团 B 东移南压为主,在衡水没有产生明显降雨。云团 C 发展加强,为 MCC 的发生阶段。15 日 01 时(图 6d)云团 C 由 MCS 发展成为直径 240 km 左右、−53℃以下云罩面积达 3 万 km² 左右、近似圆形的 MCS,此时只有弱降水。02 时(图 6e)仍处于发展阶段,成为长轴直径 340 km 的东北西南向椭圆形云团,−53℃以下云罩面积达 4 万 km² 左右,32℃以下云罩面积达到 8 万 km² 左右,此 MCS 主要覆盖在衡水、保定东部、沧州、廊坊南部、天津一带,衡水西北部降雨强度加大。03 时云团东北部东移明显,西南部少动,范围略有加大,达到 MCC 成熟阶段的物理特征。04 时以后整体缓慢东移南压,05 时(图 6f)在河北东南部到山东西北部仍维持长轴 450 km 的东北西南向椭圆形云团,此时−53℃以下云罩面积仍维持在 6 万 km² 左右,−32℃以下云罩面积也达到 11 万 km² 左右,偏心率达 0.7,并且在衡水东北部出现云顶亮温−73℃的强中心,此时 MCC 达最成熟阶段。06 时在云团东南部的山东中部有云团 D 生成,07 时此 MCS 逐渐移出河北省并减弱,并与云团 D 相连,形成不规则云团。08(图 6g)—09 时不规则云团外围虽然相连,但内有三个中心,分别由 C 分裂和 D 发展演变而成,10 时在山东到渤海形成东北—西南向带状云系,并逐渐减弱发散。此 MCS 满足−32℃以下云罩面积在 10 万 km² 以上,且−53℃以下云罩面积在 5 万 km² 以上的维持时间自 03 时到 10 时达到 6 h 以上,所以可称为 MCC。自 02 时到 07 时伴随 MCS 发展东移南压的过程,衡水自西北向东南依次出现强降雨,由此可见,MCC 发展阶段降水强度弱,成熟与减弱阶段降水强度强。

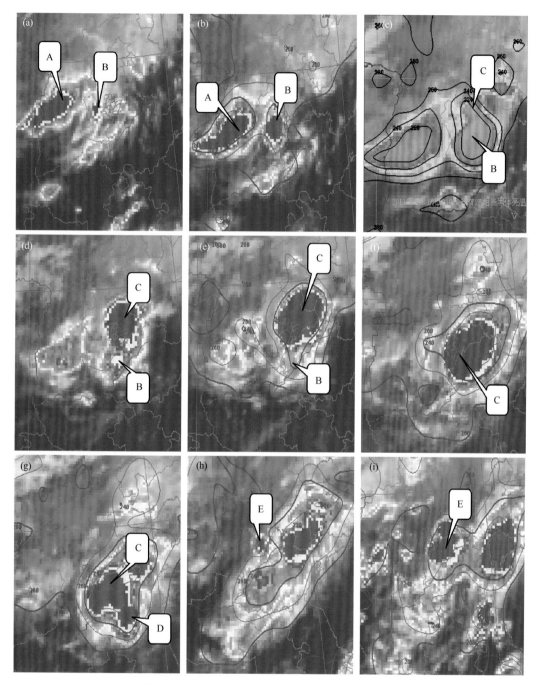

图 6　2011 年 8 月 14—15 日红外云图及 TBB 演变
（a. 14 日 20 时；b. 14 日 21 时；c. 14 日 23 时；d. 15 日 01 时；e. 15 日 02 时；
f. 15 日 05 时；g. 15 日 08 时；h. 15 日 12 时；i. 15 日 16 时）

4.2　第二阶段

15 日 15—17 时，降水主要影响衡水东南部的故城及沧州南部，雨强较大，其中故城 15—16 时 1 h 雨量达 120.9 mm。

11 时开始在衡水东南部有小对流单体生成,随后迅速扩大,12 时(图 6h)形成对流云团 E,首先影响阜城出现了 1 h 22.0 mm 的降水。13—15 时主要在山东西北部及沧州南部迅速发展,衡水地区无明显降雨,15 时自动站风场显示在故城南部也有气旋性辐合形成,对应云团西扩影响故城,降雨强度迅速增加,15—16 时(图 6i)1h 雨量达 120.9 mm,对应 TBB 最低达 $-70 \sim -90 ℃$,18 时云团 E 为直径 200 km 左右的圆形云团,$-53 ℃$ 冷云盖面积 3×10^4 km²。此对流云团面积小于 MCC 的标准,持续时间也较短,只能称为 MCS。

4.3 第三阶段

15 日 21 时—16 日 02 时,强降雨自西北向东南。

16 时开始在河北省西部山区有零散的小对流云团生成,其后不断发展,18 时(图 7a)在石家庄和邢台东部分别形成对流云团 G 和 F。19 时对流云团 G 和 F 继续发展,范围不断扩大,20 时两者逐渐接近连为一体,与地面风场辐合线吻合较好,云团 G 东移发展,F 原地加强,E 缓慢南压减弱,22 时(图 7b)EFG 外围连成一体,成为椭圆形云团,而在邯郸西部山区又有对流云团 H 生成,23 时在沧州一带有偏北风和偏东风的辐合,G 向辐合区移动并发展,TBB 达 $-70 ℃$ 以下,F、E 减弱南压,16 日 00 时(图 7c)云团 G 发展成为近似东西轴向、偏心率 >0.7,

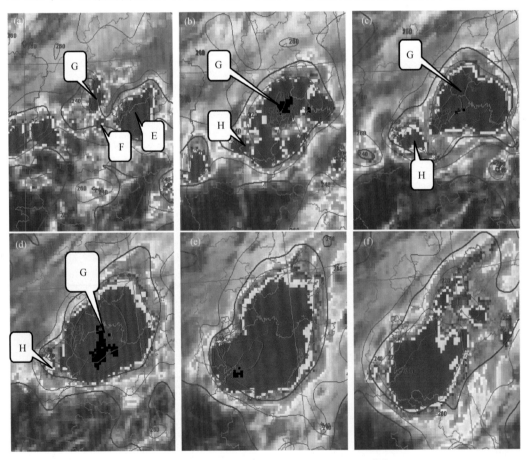

图 7　2011 年 8 月 15—16 日红外云图及 TBB 演变

(a. 15 日 18 时;b. 22 时;c. 16 日 00 时;d. 16 日 02 时;e. 16 日 04 时;f. 16 日 06 时)

−53℃及以下的内部冷云区面积达 10^5 km² 的椭圆形云团,具备了 MCC 的特征,云团 H 原地发展。此 MCC 缓慢东移南压,范围继续扩大,16 日 02 时(图 7d)成为长轴直径 460 km、偏心率>0.8,−53℃及以下的内部冷云区面积达 $1.6×10^5$ km² 的 MCC,此刻 MCC 处于成熟阶段,在黄河下游一带云顶温度最低达−110℃。此后 MCC 与云团 H 合并,TBB 逐渐升高,04 时(图 7e)云团主体基本移出衡水,MCC 转入消亡阶段,06 时(图 7f)失去中尺度有组织的结构,云系变得分散和零乱。此后云系向东南方向移动,形成东北西南向的带状冷锋云系。云系东移南压的过程与地面辐合线的移动一致,由此可见根据地面辐合线的强弱及移动趋势可以外推云系的发展及移动。

5 中尺度对流系统发生前的物理条件

5.1 能量及不稳定条件分析

处于副高外围控制,14 日 20 时—15 日 20 时 40°N 以南的河北大部 K 指数都在 36℃以上,其中河北南部到河南北部高达 40℃,16 日 08 时除河北南部还维持 32℃外,其他都下降到 24~28℃。14 日 20 时—15 日 20 时 40°N 以南的河北大部 850 hPa 的假相当位温维持在 76~88℃的高值区,15 日 20 时假相当位温密集区南压到河北中南部,有锋区生成,16 日 08 时锋区南压,基本移出河北。从衡水的西北部安平站(115.5°E、38.2°N)做温度平流时间剖面图(图8)发现 14 日 20 时—15 日 08 时低层为暖平流,冷平流从高层逐渐向下渗透,为上冷下暖的不稳定层结,15 日 20 时高低层都转为冷平流控制,但低层冷平流弱,中高层冷平流强,仍为不稳定层结,到 16 日 08 时低层与中高层冷平流相当,上冷下暖的结构不复存在,转为稳定层结。

5.2 水汽条件分析

与一般的对流系统不同的是,MCC 作为一种尺度较大的对流系统,需要有足够充足的水汽输送。14 日 20 时—15 日 20 时河北中南部 850 hPa 的比湿都在 14 g/kg 以上,尤其 14 日 20 时 40°N 以南的河北大部都在 16 g/kg 以上,并且 14 日 20 时和 15 日 20 时河北中南部 850 hPa 以下都为水汽通量的辐合区(图 9),说明低层有大量水汽在此聚集,具备了产生 MCC 暴雨的水汽条件。

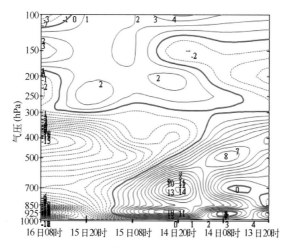

图 8 2011 年 8 月 13—16 日沿 115.5°E、38.2°N 的温度平流时间剖面图

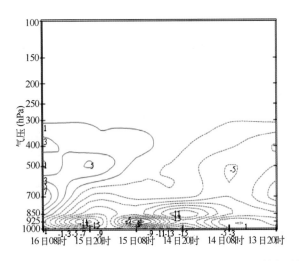

图 9　2011 年 8 月 13—16 日沿 115.5°E、38.2°N 的水汽通量散度时间剖面图

5.3　动力条件分析

从散度场时间剖面(图 10)分析,14 日 20 时低层辐合,中层弱辐散,高层辐合,对应垂直速度场(图 11)中低层存在辐合上升运动较强,上升中心在 700 hPa。15 日 08 时无明显低层辐合形势,对应此时无明显降水。20 时形成明显的低层辐合、高层辐散的抽吸形势,对应此时垂直上升运动特别强,一直伸展到 150 hPa 附近,其中上升中心在 500 hPa。

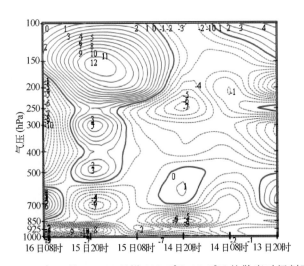

图 10　2011 年 8 月 13—16 日沿 115.5°E、38.2°N 的散度时间剖面图

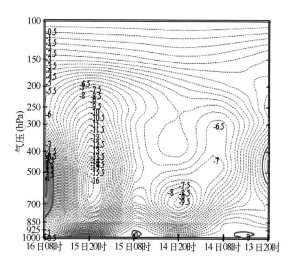

图 11　2011 年 8 月 13—16 日沿 115.5°E、38.2°N 的垂直速度时间剖面图

6　TBB 与降雨强度的关系分析

　　TBB 的密集预示着云团的进一步发展,稀疏时预示着降水的逐渐结束(陈渭民,2008)。图 12 为 15 日 0 时到 16 日 09 时安平站(54609 蓝色线)和故城(54707 红色线)雨量和 TBB 变化,可以发现,安平站 00—04 时 TBB 都在 -60℃以下,受对流云团 C 影响 02—04 时出现了强降雨,05 时以后 TBB 逐渐升高,无明显降雨,自 18 时 TBB 开始迅速下降,20—23 时 TBB 一直小于 -70℃,最低时达 -78℃,受合并成的云团 G 控制,22—24 时出现另一波强降雨,此后云顶平均温度逐渐升高,降雨逐渐停止。故城站 15 日 00—04 时 TBB 缓慢下降,04—08 时云团 C 控制,TBB 一直维持在 -72～ -71℃,07—08 时产生 17 mm 降雨后迅速升高,降雨停止,11—14 时达 0℃左右,无降雨产生,15—16 时 TBB 迅速下降 42℃,此时云团 E 边缘影响产生了 120.9 mm/h 的强降雨,17—18 时 TBB 略有下降,对应降雨强度迅速减小,19—23 时 TBB 小幅回升,对应降雨停止,23—24 时 TBB 又骤降 31℃,达最低值 -80℃,同样受合并成的云团 G 影响,出现 18.2 mm 降雨,01 时 TBB 略有回升,对应降雨 44.5 mm,之后 TBB 呈逐渐升高的趋势,降雨停止。

　　由此可见,云顶亮温的低值中心出现时段与强降雨出现时段基本吻合,云顶亮温的高值中心出现时段与无降雨时段也基本吻合。最强降水出现时,TBB 一直小于 -60℃,最低时达 -80℃,主要降水出现在云团发展的成熟阶段,TBB 骤降时可能预示强降雨的发生。

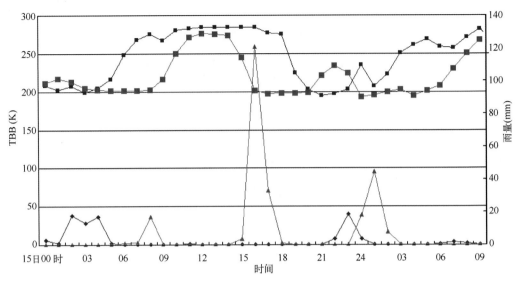

图 12　2011 年 8 月 15 日 00 时到 16 日 09 时安平站(54609 蓝色线)和
故城站(54707 红色线)1 h 雨量和 TBB 变化

7　结论与讨论

(1)这次强降雨过程是在副高外围高温高湿的不稳定层结条件下,超低空急流和低空切变触发了对流云团的发生发展,在地面辐合线和低空低环流附近产生的。

(2)此次过程有 MCC 和 MCS 的生消发展过程,主要有 3 个 MCS 先后影响,其中第一个和最后一个 MCS 分别发展为 MCC,云系东移南压的过程与地面辐合线的发展移动一致。

(3)低层为暖平流,冷平流从高层逐渐向下渗透,自上冷下暖的不稳定层结转为低层冷平流弱,中高层冷平流强的不稳定层结,再转为高低层冷平流相当的稳定层结。低层有大量水汽聚集,为产生 MCC 暴雨提供了水汽条件。

(4)云顶亮温的低值中心出现时段与强降雨出现时段基本吻合,云顶亮温的高值中心出现时段与无降雨时段也基本吻合。最强降水出现时,TBB 一直小于 -60℃,最低时达 -80℃,主要降水出现在云团发展的成熟阶段,TBB 骤降时可能预示强降雨的发生。

参考文献

陈渭民. 2008. 卫星气象学. 北京:气象出版社,535pp.

范俊红,王欣璞,孟凯等. 2009. 一次 MCC 的云图特征及成因分析. 高原气象,**26**(6):1388-1398.

方宗义,覃丹宇. 2006. 暴雨云团的卫星监测和研究进展. 应用气象学报,**17**(5):583-592.

费增坪,郑永光,张焱等. 2008. 基于静止卫星红外云图的 MCS 普查研究进展及标准修订. 应用气象学报, **19**(2):82-89.

李勋,李泽椿,赵声蓉等. 2009. "浣熊"强度变化的环境背景和卫星观测分析. 气象,**35**(12):21-29.

寿绍文,励申申,姚秀萍. 2003. 中尺度气象学[M]. 北京:气象出版社,120-131.

杨晓霞,李春虎,李锋等. 2008. 山东半岛致灾大暴雨成因个例分析[J]. 气象科技,**36**(2):190-196.

于希里,闫丽凤. 2001. 山东半岛北部沿海强对流云团与局地暴雨[J]. 气象科技,**29**(1):39-41.

朱亚平,程周杰,刘健文. 2009. 一次锋面气旋云系中强对流云团的识别. 应用气象学报,**20**(4):428-436.

FY-2E 多通道观测资料特征及其在一次强对流天气中的应用[①]

曹治强

（国家卫星气象中心，北京 100081）

摘 要：通过大气辐射传输模式模拟分析了 FY-2E 水汽、红外和红外分裂窗这 3 个通道对温度、湿度的敏感性。结果表明在中纬度夏季，对流层中高层有干空气平流时，会造成水汽通道亮温增加。红外和红外分裂窗通道之间的亮温差增大是有利于强对流天气发生的条件，因为它既可能反映了下垫面温度的升高，还可能反映了低层水汽含量的增加。对于 2012 年 7 月 26 日强对流天气过程，水汽通道上亮温的变化反映了在这次强对流天气发生前，在对流层中高层分别有来自南北方向两支干空气向河北南部、山东北部平流。在将要发生强对流的区域，红外和红外分裂窗通道之间的亮温差增大，形成了有利于强对流天气发生的大气层结。移入飑线、积云线和出流边界这 3 者的结合造成了这次强对流天气的形成。

关键词：卫星；通道特征；强对流

1 引言

强对流一般会产生雷暴、大风或短时强降水等灾害性天气。由于其具有突发性、尺度小和生命史短等特点，数值模式很难对它的发生时间和地点做出准确的预报，一直以来是预报中的难点。依靠早 08 时（北京时，下同）和晚 20 时的探空资料对强对流初生前的环境场进行分析是不够的，因为探空站点的时空分辨率都比较稀疏。目前，对强对流天气的预警主要依靠雷达，因此发展了一套强对流天气识别、追踪和预警的方法，在业务中得到了广泛的应用（陈明轩等，2004；Wilson et al.，1998；Dixon et al.，1993）。但是这种方法预警时效较短，主要是因为它建立在对已经识别出来的强对流云的基础上，不能在强对流云初生以前给出准确的预警。在这一点上，静止气象卫星资料具有一定的优势，首先是静止卫星观测范围大，对天气系统和环流形势有直观的反应，在卫星云图上，云的组织结构，时空变化都反映出了一定的大气热力和动力特征。其次是现在的静止气象卫星所携带的多通道扫描辐射计一般包含长波红外、红外分裂窗、水汽、中波红外和可见光等多个通道，可以从多个通道同时观测大气。目前，卫星资料在强对流天气分析中得到了广泛的应用，很多强对流分析的个例中都使用卫星图像或红外通道亮温资料（矫梅燕等，2006；覃丹宇等，2006；师春香等，2000），但其应用主要在于已有中尺度对流云团的检测和强度的分析，展示这些系统的变化，而很少应用于强对流初生前的热力条件和动力条件的判断和分析。

① 本文获国家自然科学基金项目"用静止气象卫星资料研究强对流云初生前的环流场特征"（项目编号：41005026）资助。

　　因此,本文试图从分析 FY-2E 水汽、红外、分裂窗这三个通道的辐射特征入手,挖掘强对流产生前的热力条件和动力条件在卫星资料上的反应,并把这些特征应用到强对流天气的分析中。

2　水汽通道特征敏感性分析

　　对流层中高层的干平流或干冷平流是强对流天气发生的有利条件,为了了解 FY-2E 气象卫星水汽通道的对大气中水汽含量变化的响应,使用大气辐射传输模式 modtran 对 FY-2E 水汽通道亮温进行了计算模拟,模拟时选取中纬度夏季大气廓线(表 1)作为标准廓线,设置地表温度为 300 K,发射率为 0.98,用 FY-2E 水汽通道的光谱响应函数进行卷积,得到 FY-2E 水汽通道亮温。中纬度夏季大气廓线 25 km 以下每 1 km 一层,在此基准下通过改变各层的相对湿度,使其相对湿度分别减小为原来的一半,计算 FY-2E 水汽通道亮温的变化如图 1a 所示。结果表明,水汽含量的改变对水汽通道亮温出现明显响应的高度在 3～11 km,响应比较大的高度在 5～10 km,也就是说,水汽通道对对流层中上层水汽含量的变化是敏感的。同时,也表明了它对对流层低层的水汽含量的变化是不敏感的。这主要是因为,在水汽通道,吸收很容易达到饱和,由于对流层中高层水汽的存在,使得低层的辐射不能穿透其上的水汽层到达卫星。同样,水汽通道对下垫面的温度的变化是不敏感的。图 1b 给出了当下垫面温度从 294 K 升高到 314 K 时,水汽通道亮温几乎没有响应。大气层结的温度分布对水汽通道的亮温有一定的影响,模拟表明大气温度层结变化产生的水汽通道亮温变化出现在 10 km 以下的高度(图 1c),这主要是因为大气中的水汽含量主要在 10 km 以下,有水汽的吸收才能以其所处高度层的温度发射辐射。温度的改变在 5 km 左右影响最大,当 5 km 高度处的气温下降 3 K时,水汽通道观测到的亮温下降约 0.2 K。在中高纬度,对流层中高层的干冷平流是对流天气发生的有利条件,干平流使水汽通道观测的亮温增加,冷平流使水汽通道观测到的亮温减小。因而,当水汽通道观测到亮温在一段时间内持续增加时,也即在水汽图像上有些地方持续变暗时,表明对流层中高层有干平流或干冷平流,当为干冷平流时,干平流的作用大于冷平流的作用。

表 1　中纬度夏季大气廓线 10 km 以下温湿值

Z(km)	P(hPa)	T(K)	RH(%)	H_2O(g/m³)
0	1012.999	294.2	76.18	1.40×10^1
1	901.996	289.7	66.03	9.30×10^0
2	802.001	285.2	55.20	5.90×10^0
3	709.996	279.2	45.29	3.30×10^0
4	628.000	273.2	39.05	1.90×10^0
5	553.997	267.2	31.42	1.00×10^0
6	486.998	261.2	29.98	6.10×10^{-1}
7	426.000	254.7	30.31	3.70×10^{-1}
8	371.999	248.2	29.63	2.10×10^{-1}
9	323.999	241.7	30.15	1.20×10^{-1}
10	280.999	235.3	29.44	6.40×10^{-2}

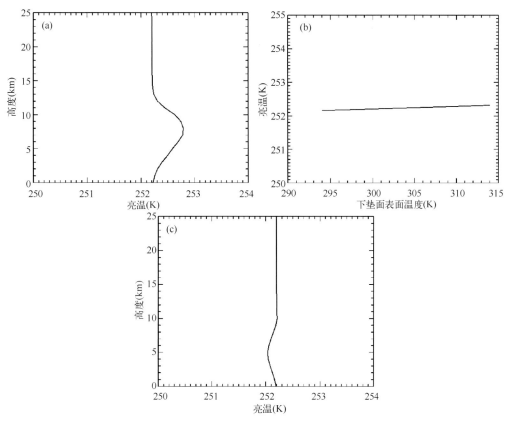

图 1   中纬度夏季大气廓线时水汽通道的亮温模拟

（a. 0～25 km 不同高度层相对湿度减小为原来一半时；b. 地表温度对水汽通道亮温的影响；

c. 不同高度层的温度减小 3 K 时模拟的亮温）

3   红外通道特征敏感性分析

为了了解 FY-2E 气象卫星窗区红外和红外分裂窗通道对大气温度和湿度状况的响应，同样选择中纬度夏季大气廓线，假设地表发射率为 0.98，使每层的相对湿度达到 100%，模拟得到红外通道和分裂窗区通道亮温，如图 2 所示。结果表明，这两个通道的亮温对 5 km 以下的水汽含量敏感，特别是 2 km 高度处水汽的含量，两个通道的亮温都随水汽含量的增加而减小，但二者的亮温差却随水汽含量的增大而增加，这在一定程度上表明这两个通道亮温差的大小反映了水汽含量的多少。在中纬度夏季大气廓线模式下，改变下垫面的温度，这两个通道的亮温随下垫面温度的增加而增加，而且两个通道之间的温差也逐渐增加（图 2c）。对于大气温度层结对红外和分裂窗区通道亮温的影响，这里通过对不同高度层的温度增加 3 K 进行模拟，结果显示红外和分裂窗区通道亮温都所有增加，但在 3 km 以下较为敏感，温度增大幅度约为 0.1～0.3 K，但对于它们之间的亮温差却略有减小（图 2d、e）。以上分析表明，当对流层低层大气状况是湿度较大或下垫面温度较高时，也就是说有利的低层大气条件时，这两个通道的亮温差较大。

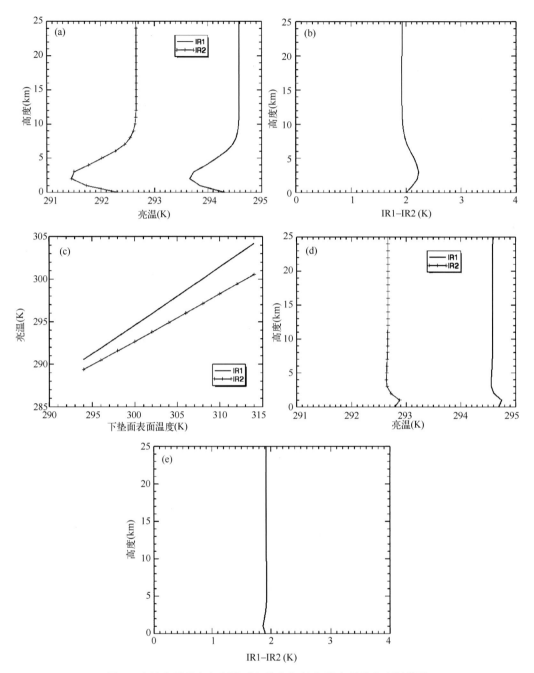

图 2　中纬度夏季大气廓线时红外和红外分裂窗通道的亮温模拟

（a. 0～25 km 不同高度层水汽达到饱和时模拟的亮温；b. 红 0～25 km 不同高度层水汽达到饱和时模拟的红外
和红外分裂窗通道亮温差；c. 地表温度对红外和红外分裂窗通道亮温的影响；d. 不同高度层的温度增加 3 K 时
模拟的亮温；e. 不同高度层的温度增加 3 K 时模拟的红外和红外分裂窗通道亮温差）

4 实际探空数据的模拟

在实际的天气过程中,水汽含量的改变往往比较复杂,它受蒸发和平流以及垂直运动的影响,蒸发一般发生在对流层低层,而平流可以发生在不同的高度。在稳定的大气层结条件下,大气的垂直运动速度约为 10^{-2} m/s 的量级,对于几个小时内垂直运动所引起的水汽含量的分布的改变可以忽略。故在对流层中高层一般受平流的影响。图 3 是 2012 年 7 月 26 日 08 时和 20 时呼和浩特市的温度和露点温度廓线,从 08 时到 20 时,400~600 hPa 的露点温度有明显的下降,表明对流层中层有明显的干空气平流。但在这一高度层其温度略有增加,温度明显增暖的地方出现在近地面层,也即 800 hPa 以下。为了定量分析温度、湿度的变化对 FY-2E 水汽通道亮温的影响,分别模拟了 08 时、20 时以及用 08 时的温度廓线取代 20 时的温度廓线时这三种大气层结下的亮温,结果如表 2 所示。可以看出,在 08 时,由于在 400~600 hPa 大气水汽含量相对较高,模拟的亮温为 253.6569 K。至 20 时,由于大气中层的水汽含量减小,模拟的亮温为 256.9459 K,比 08 时的亮温增加了 3.289 K。为了排除大气温度的变化对水汽通道亮温模拟的影响,这里还做了用 08 时的温度廓线和下垫面温度取代 20 时的温度廓线和下垫面温度进行第三组模拟,模拟的结果则完全是由于水汽的变化所引起的。模拟的亮温为 256.0014 K,比 08 时的温度增加 2.3445 K,水汽含量减小引起亮温的增加是明显的。在实际的天气过程中,低层大气的水汽含量同时受蒸发和平流的影响,特别是在白天,下垫面及近地面层温度变化较大。表 2 同样给出了呼和浩特市红外和红外分裂窗通道的数值模拟,结果表明用 20 时湿度廓线和 08 时温度廓线所模拟的红外和红外分裂窗通道的亮温增加及其差值的减小主要是由于 800 hPa 以下水汽含量的减小造成的。

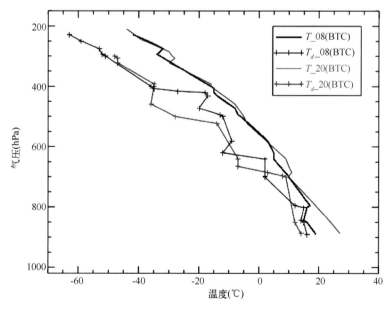

图 3 呼和浩特市 2012 年 7 月 26 日 08 时和 20 时的温度和露点温度探空曲线图

表 2　呼和浩特市探空数据的亮温模拟

	整层水汽含量 ATM CM	水汽通道亮温 (K)	红外通道亮温 (K)	分裂窗通道亮温 (K)	红外—分裂窗
08 时温度湿度廓线	3.8597×10^3	253.6569	289.1879	287.8756	1.3123
20 时温度湿度廓线	3.4290×10^3	256.9459	295.2942	293.6550	1.6392
20 时湿度廓线+ 08 时温度廓线	3.4744×10^3	256.0014	289.2283	288.0433	1.1850

5　强对流天气背景介绍

　　2012 年 7 月 26 日下午至夜间,山西中部、河北南部和山东北部出现了一次强对流天气,给上述地区带来了雷暴和大范围的暴雨或大暴雨。强对流发生前,在 26 日 08 时 500 hPa 天气图上(图 4),其主要的影响系统为位于内蒙古中东部、蒙古国东部的低压槽和位于黄淮南部的副热带高压,与副高对应的 588 dagpm 等值线的西北边界位于山东北部、河南西部等地。在对应时刻的水汽图像上(图 4)可以看出,中心位于江西上空的高空冷涡也是造成这次暴雨天气的重要影响系统,因为随着这个高空冷涡的西移,与其对应的"暗边界 3"也逐渐地向西北方向移动,带动对流层中高层的干空气逐渐向河北南部、山东北部一带侵入。另外,从水汽图像上还可以看到与低压槽相对应的云系表现为锋面气旋云系,气旋的头部位于东北地区北部和内蒙古东北部,冷锋云带位于东北北部至华北东部一带。与低压槽对应的水汽暗边界有两

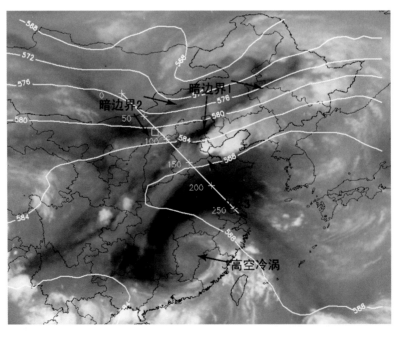

图 4　2012 年 7 月 26 日 08 时 500 hPa 高度场和 FY-2E 水汽通道叠合图像
白色方框为呼和浩特探空站的位置,白色直线为剖线,"+"对应的数值为剖线上的格点数

条,分别如图中箭头所指,其中"暗边界1"位于锋面云系的后部,"暗边界2"位于内蒙古中部。由于"暗边界2"对应的天气系统与"暗边界1"十分靠近,在数值资料和探空资料上很难辨别,这可能是造成这次天气过程漏报的原因之一。从连续时次的水汽图像上可以看到,"暗边界2"逐渐向东南方向移动,表明在对流层中高层又有一次干空气向东南方向侵入。这样,河北南部、山东北部一带分别有来自南北方向的两支干空气从对流层中高层侵入,十分有利于使上述地区的大气层结变得不稳定。

6 高空温湿特征分析

图5是FY-2E水汽通道亮温沿图4的剖线图,对应的时间是7月26日6:30到10:30,这条线共有260个格点,每个格点相距约7 km(0.014度),其中第150个格点附近是将要发生强对流天气的区域。可以看到,将要发生强对流天气的北侧,从蒙古国中部至内蒙古中部,也即0~90个格点之间水汽通道的亮温呈逐渐增加态势,4个小时内增加大约3~5 K。由于上述地区大气层结稳定,忽略大气垂直运动的影响,因此这一亮温的变化是由平流产生的,表明有在这一段时间内对流层中高层有干空气的侵入。其中80~90个格点之间温度低于245 K且增大的幅度在20 K左右,这主要是因为在这一段时间内由于有云移过造成的。在将要发生强对流的区域南部,也即150~200个格点之间,水汽通道的亮温有微弱的增加,表明南侧对流层中高层的干空气平流较弱。

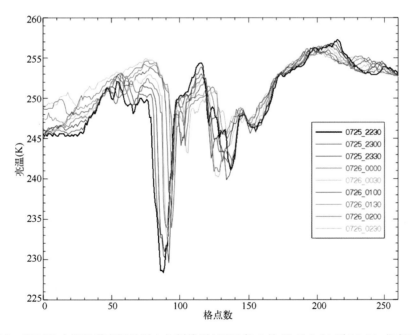

图5 FY-2E水汽通道亮温沿图4的剖线图(2012年7月26日6:30到10:30,北京时)

7 可见光图像反应的低空温湿特征及触发因子

在 925 hPa、850 hPa、700 hPa 以及地面观测天气图上(图略)，河北南部、山东北部以南地区以西南风或偏南风为主，近地面层相对湿度较大。下午 14 时的地面观测资料显示(图 6a)：在山东北部、河北南部、山西中部有一条辐合线，辐合线以南为比较一致的偏南风，辐合线以北东段为偏东风，西段风向受地形的影响风向一致性较差。

在 26 日下午 14:30 的可见光云图上，可以看到这次强对流天气发生前有三个明显的特征。第一个特征是位于天津南部、河北东部、山东北部处的强对流云团，它是早晨给天津带来大暴雨天气的强对流云团向西南方向传播形成的，在它的西侧和南侧有明显的出流边界所形成的弧状云线，出流边界是有利于新雷暴生成的触发因子。第二个特征是从山西中部向东南方向移动的飑线，它的形成与前面提到的"暗边界 2"有关，它在移到河北南部时有了强烈的发展。第三个特征是在山东、河南等地有一条条排列成行的积云线(云街)，这些积云线是午后在晴空区里发展起来的，表明此时对流层低层具有相对较高的湿度并且已经由于辐射加热而到达抬升凝结高度。连续时次的可见光图像显示(图略)这些积云线逐渐向偏北方向移动，表明低层有明显的暖湿气流流入。最强烈对流云团的发展在这三个因子的相交处。

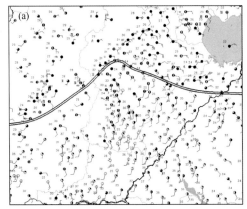 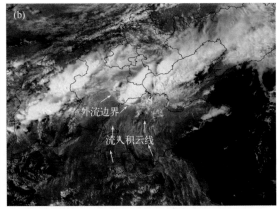

图 6　2012 年 7 月 26 日 14 时地面填图(a)和 14:30 时 FY-2E 可见光通道图像(b)

8 红外和红外分裂窗通道所反映的底层大气的温湿状况

地表温度的增加会引起红外和红外分裂窗通道亮温的增加，低层大气湿度的增加会引起红外和红外分裂窗通道亮温的降低，但二者的增加都会引起红外和红外分裂窗通道亮温差的增大，也就是说，当红外和红外分裂窗通道的差值越大时，底层大气的温湿状况越好，越是有利于强对流天气发生的低层大气层结。白天，由于晴空地表温度的增加幅度比较明显，即使低层大气湿度同时也在增加，红外和红外分裂窗通道的亮温也是增加的。2012 年 7 月 26 日 08 时，在山东南部和江苏等地地表温度约为 28～30℃，至下午 14 时，上述大部分地区的温度约为 34～35℃。温度增加的幅度一般约 5～6℃。由前面的模拟分析可知，上述地表温度的变化引起红外和红外分裂窗通道亮温之间的亮温差 2.0～3.0 K。图 7a、b 分别是 2012 年 7 月 26 日 08 时至 14 时沿图 4 中剖线 FY-2E 红外图像和红外与分裂窗亮温差图像,可以看到在 150 至 260 个格点之间亮温高于 290 K,为晴空区。并且随时间的增加,红外通道亮温增加,红外 和红外分裂窗通道亮温差也逐渐增加,亮温差的增加幅度约从 2 K 左右至 3.5 K,表明除了地 表温度的增加,低层大气湿度也有所增大。图 7c 给出了河北南部发生强对流天气以前可见光 图像和红外和红外分裂窗通道亮温差的图像,由图中可以看出,河北南部、山东北部的是亮温 差较大的区域,是有利于强对流天气发生的低层大气温度层结。

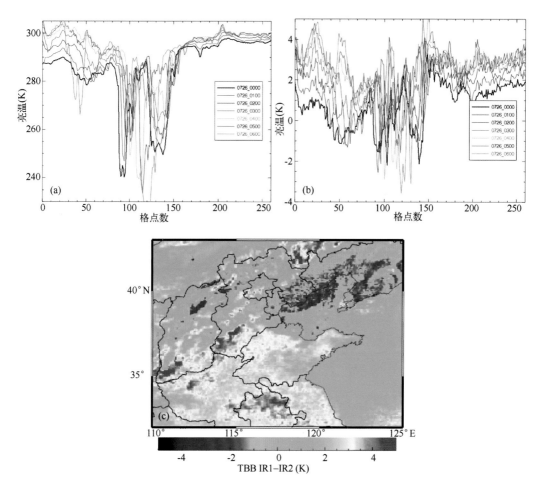

图 7 2012 年 7 月 26 日 08 时至 14 时沿图 4 的剖线图
(a. FY-2E 水汽通道亮温(北京时);b. 红外和红外窗区通道亮温差;c. 7 月 26 日 11 时 FY-2E 红外和分裂窗亮温差值图)

9 结论

通过大气辐射传输模式模拟分析了 FY-2E 水汽、红外和分裂窗这三个通道对温度、湿度 的敏感性。结果表明在中纬度夏季,水汽通道亮温的增加主要是由于对流层的中高层干空气 平流造成的,温度平流是次要的,天气尺度的垂直运动和地表温度的变化影响较小。红外和红外分裂窗通道亮温的增加主要是由地表温度的增加引起的,但它们之间的差值增大则可能是由地表温度的增加或对流层低层水汽含量的增加引起的,差值增大是有利于强对流天气发生的有利条件。

对于 2012 年 7 月 26 日强对流天气过程,水汽通道上亮温的变化反映了在这次强对流天气发生前,在对流层中高层分别有来自南北方向两支干空气向河北南部、山东北部平流,其中北方的干空气平流造成了山西中部飑线的发生发展并向东南方向移动。在将要发生强对流的区域,红外和红外分裂窗通道之间的亮温差增大,既反映了下垫面温度的升高,还反映了低层水汽含量的增加。午后,可见光通道上一条条排列整齐的积云线反映了近地面的加热已经使低层大气达到了抬升凝结高度,积云线、飑线和出流边界这三者的结合造成了这次强对流天气的发生。结合其他观测资料,如果从积云线的形成开始短临预报,在三者即将结合的地方发布强对流天气预警,至最强的降水发生时,可使预报时效提前约 3～5 h。

参考文献

陈明轩,俞小鼎,谭晓光等. 2004. 对流天气临近预报技术的发展与研究进展. 应用气象学报,**15**(6): 754-766.

矫梅燕,毕宝贵,鲍媛媛等. 2006. 2003 年 7 月 3—4 日淮河流域大暴雨结构和维持机制分析. **30**(2):475-490.

师春香,江吉喜,方宗义. 2000. 1998 长江大水期间对流云团活动特征研究. 气候与环境研究,**5**(3):279-286.

覃丹宇,方宗义,江吉喜. 2006. 典型梅雨暴雨系统的云系及其相互作用. 大气科学,**30**(4):578-586.

Dixon M, Wiener G. 1993. TITAN: Thunderstorm identification, tracking, analysis, and nowcasting—A radar-based methodology. *J. Atmos. Oceanic Technol.*, **10**:785-797.

Wilson J W, Crook N A, Mueller C K, et al. 1998. Nowcasting thunderstorms: A status report. *Bull. Amer. Meteor. Soc.*, **79**:2079-2099.

FY-2 静止卫星资料揭示的冰雹天气云系特征

蓝　渝　郑永光　林隐静　方　翀　周晓霞

(国家气象中心强天气预报中心,北京 100081)

摘　要:国家气象中心强天气预报中心实时接收 FY-2 静止卫星资料,用于强对流天气实时监测业务,在此基础上研究了分类强对流天气的云系特征,开展区域性冰雹天气云系的卫星资料分析应用方法研究。对 2009—2011 年 17 次冰雹云系的分析表明,对流云团的发展阶段和成熟阶段的初期为冰雹的多发时期,冰雹常出现于红外云图 TBB 梯度大值区中,偏向云团移动前沿一侧。TBB 迅速降低区域、红外 TBB 梯度大值区、IR1 通道减 WV 通道亮温差值负值区等信息,对冰雹天气的监测、分析和预警有一定的参考应用价值。

关键词:FY-2 静止卫星;国家级;冰雹云系

1　引言

强对流天气由于具备空间尺度较小、生命史较短、发展速度较快、危害性较强等特点,往往对人民的生产安全有着严重的威胁。我国地域辽阔,常规的气象监测手段往往难以满足对冰雹、雷暴大风、短时强降水、龙卷等强对流天起进行有效实时监测,特别是在观测站点相对稀疏以及缺乏雷达等高时空分辨率观测资料的地区,中小尺度强对流系统的监测和分析成为强天气预警预报业务的巨大挑战。

静止气象卫星的观测具有时空分辨率高、覆盖范围广等特点,是监测和研究中小尺度天气系统最有效的工具之一(陈渭民,2003;Bettina *et al*.,1997;Daniel *et al*.,2008)。目前,我国拥有 FY-2D,FY-2E、FY-2F 三颗业务静止气象卫星,星下点水平分辨率达到红外通道 5 km、可见光通道 1.25 km,时间分辨率为 30 min(汛期可达到 15 min)。因此,建立基于静止气象卫星资料的强对流监测系统,开展分类中尺度强对流系统的卫星云图特征分析研究,总结分析和预报着眼点,配合多种监测资料开发客观化的分类强对流预警和识别方法,可以为强对流天气的及时、有效监测和预警提供有力工具,为国家级强对流监测和预报业务提供技术支撑(林隐静等,2012)。

强天气预报中心从天气类型和天气系统两个角度分别对卫星资料进行了分析应用,主要分两个方面:一是对雷暴大风和冰雹天气过程的卫星资料进行了对比分析,二是对一类非常重要的导致强对流天气的天气尺度系统——冷涡系统下的强对流天气的卫星资料特征进行分析,从中得到一些具有指示性的结果。本文主要介绍国家气象中心强天气预报中心在大范围冰雹天气云系特征研究工作中的初步成果,并以 2009 年至 2011 年的几次强对流过程为例进行详细分析和讨论。

2 资料与处理

2.1 冰雹天气过程

利用常规地面观测资料、重要天气报告(WS报)和自动站资料,对强对流天气历史数据进行提取,并采用一定的剔除方法,分区域分天气形势对2009年至2011年的17次冰雹天气过程,共199站次冰雹观测数据进行了提取。当对流云系在3 h内造成三个以上的站点冰雹记录时,方确定为冰雹过程,之后进行逐例详查,分析其影响天气系统,并整理静止卫星资料。具体的冰雹天气过程云图资料提取信息见表1。

表1 冰雹天气过程云图资料提取信息

序号	日期(年月日)	地区	时间范围	经纬度范围(°E,°N)
1	20090605	华东	14—20时	(115,38)—(124,30)
2	20090629	东北	14—20时	(120,50)—(130,40)
3	20090827	华北	14—20时	(112,40)—(118,36)
4	20100320	西南	16—21时	(104,30)—(110,24)
5	20100321	华北	15—17时	(112,38)—(118,33)
6	20100407	华南	17—20时	(108,28)—(116,22)
7	20100412	华中	14—20时	(110,35)—(120,27)
8	20100414	华中	01—09时	(104,35)—(119,27)
9	20100424	西南	08—12时	(95,27)—(102,22)
10	20100502	华东	14—17时	(120,32)—(125,27)
11	20100504	西北	14—20时	(105,44)—(115,34)
12	20100603	西北	14—19时	(106,40)—(114,32)
13	20100617	华北	10—22时	(112,45)—(122,35)
14	20100927	东北	08—14时	(122,48)—(132,40)
15	20101019	西北	15—21时	(102,39)—(110,32)
16	20110611	华北	12—20时	(112,45)—(122,35)
17	20110809	华北	14—20时	(110,46)—(120,36)

2.2 静止卫星资料与处理

使用FY-2C(2009年三个个例)和FY-2E静止卫星的等经纬度资料,包括红外1通道(10.3~11.3 μm,下文简称"IR1通道")、可见光通道(下文简称"VIS通道")、水汽通道(6.7 μm,下文简称"WV通道")的亮温资料。卫星资料的水平分辨率为0.05°×0.05°,时间间隔为60 min(非加密观测)或30 min(加密观测),格式为AWX格式。同时提取IR1通道的TBB数据,计算IR1通道和WV通道的亮温差用于数据分析。

2.3 分析技术和方法

冰雹云系特征分析的主要内容包括:

(1)红外云图的发展变化特征分析:发展变化及云系分布并与强对流实况、天气形势对应分析；TBB 特征分析：包括极值、梯度等。

（2）可见光云图发展变化及分布特征分析：发展变化及云系分布特征、分析云的种类、云型、结构、边界、暗影、上冲云顶等。

（3）水汽云图特征分析：水汽云图中的暗区、边界、水汽羽等分析。

（4）IR1 和 WV 通道亮温差特征分析：包括差值的正负及大小、变化等，与强对流的实况对应分析。

在具体统计计算中，根据冰雹出现的时间记录，向前推 1 h，向后推 0.5 h，作为提取卫星资料的时间范围。由出现冰雹的站点经纬度，以最近的 $0.05° \times 0.05°$ 经纬度网格点为中心，选取 $0.25° \times 0.25°$ 范围的网格点作为提取卫星资料的空间范围。以此为基础，研究冰雹天气出现时段和分析区域内的卫星云图红外亮温、水汽亮温、通道亮温差及相应梯度的极值和平均值特征，探究冰雹天气在卫星云图上的量化体现。

3 冰雹天气云系特征初步结论

3.1 天气形势分类

按冰雹云团与 500 hPa 槽线相互位置关系进行分类：可将冰雹过程分为槽前型、槽后型、槽底型以及其他类型四类。

按照冰雹云团的主要影响系统分类：冷涡低槽型、短波槽及西风槽型以及中低层切变辐合型。

3.2 云状特征

在所分析的 17 个实例中，绝大多数的冰雹云云状为准圆形或椭圆形。即在冰雹发生时刻，其对流单体或对流系统中产生冰雹的中、小尺度对流云团的长宽比小于 2：1。仅有两次个例冰雹云团云状为长椭圆形（即长宽比＞2：1），分别为 2010 年 3 月 21 日、2010 年 5 月 2 日。

3.3 云团发展阶段特征

将对流云团的生命史分为发生、发展、成熟和消亡四个阶段，冰雹则多发生于对流云团的发展阶段或成熟阶段的初期。

在 17 例冰雹个例研究中，冰雹出现时往往伴随所在对流云团的迅速发展，云顶亮温快速降低，此时冰雹云团主要呈现圆形的形状特征，且在可见光云图中可看到明显的上冲云顶和暗影现象，IR1 通道和 WV 通道亮温差值为负值。因此，对流云团的发展阶段或成熟阶段的初期为冰雹的多发时期。

在对流系统进入成熟阶段后，其云型长宽比逐渐增大，较少发生冰雹天气。

3.4 冰雹出现在对流云团的位置

云团剧烈发展期间，云顶亮温迅速降低，并形成 TBB 低值区域。冰雹的频发区域并不在 TBB 低值中心区，而是在 TBB 梯度最大的位置，并且多发生在 TBB 梯度大值区中，偏向云团移动前沿一侧。

与低涡低槽相关的对流云团，其发展阶段中大多伴随有冷空气南压，对流系统的发展移动往往具备明显的偏南移动分量。因此多数冰雹出现的位置位于对流云团西南侧或南侧（13

例）。低层切变线触发的对流系统受高空槽东移影响，有明显的沿切变线东移分量，冰雹可能出现于云团东南象限一侧。东北冷涡中心附近产生冰雹的对流云系相对复杂，少数冰雹站点位置出现在冷涡云系的北部。

3.5　冰雹出现时的云图亮温特征

红外云图的云顶亮度温度（TBB）是指示对流强弱的参考指标，TBB越低，云顶越高，对流活动越强，产生降雹的可能性随之越大。研究显示，个例中大约有45%的冰雹出现时刻对应的TBB小于-50℃。但在零度层高度较低时，例如春秋季节，云顶较低的对流系统也可能产生冰雹。分析发现，有10%左右的冰雹发生在TBB大于-30℃的时刻。此外，3.4节中的研究也发现冰雹的频发区域并不在TBB低值中心区，因此云顶红外亮温TBB对冰雹天气的表征能力有限。

相对而言，TBB梯度是判断冰雹出现条件的重要指标。可见光云图上，对流云系出现上冲云顶，起伏剧烈的位置也多对应于TBB的梯度大值区域。使用0.25°×0.25°范围的网格点计算冰雹站点附近的TBB梯度值，结论显示冰雹发生时，有近70%的冰雹站点附近对流云系TBB梯度达到7.7（℃/0.05°）以上。在冰雹云内TBB梯度大值区位置多位于深对流云TBB中心区边沿，偏向云团移动前沿一侧，因此较低的云顶亮温温度同时具备大于10（℃/0.05°）TBB梯度的区域是冰雹在对流云系中的易发区域。

IR1通道和WV通道的亮温差值（$TBB_{IR1}-TBB_{WV}$）的变化趋势也对冰雹出现有一定的指示意义。$TBB_{IR1}-TBB_{WV}$与云顶的位置有关，也与大气的温度廓线有关。在晴空区域，WV通道接收到的是由对流层中上层水汽放射的辐射，而IR1通道的辐射多来自近地面，因而$TBB_{IR1}-TBB_{WV}$为较大正值；当对流云发展强盛，并穿透对流层顶时，WV通道接收到的辐射来自进入平流层的水汽，亮温较IR1通道观测的云顶亮温高，因而$TBB_{WV}-TBB_{IR1}$为负值；当存在发展并不强盛对流云时，在云顶上方存在上升运动带来的水汽，但因为其仍在对流层内，并未穿透对流层顶，WV通道的亮温略低于IR1通道，因而$TBB_{IR1}-TBB_{WV}$表现为小的正值。利用这一特性，可以在春秋季冰雹云系云顶TBB较高时，辅助判断其中对流活动的发展强弱趋势。研究表明，冰雹出现时站点附近对流云系$TBB_{IR1}-TBB_{WV}$往往表现为负值。同时$TBB_{IR1}-TBB_{WV}$的迅速下降也表征对流活动的发展与增强，大部分站点冰雹出现前，存在通道亮温差迅速下降的过程，冰雹大多出现在亮温差下降速度开始减缓的时间点前后，时间上大体对应对流活动快速发展并进入成熟阶段的过渡时期。图1为2010年5月4日西北地区东部冰雹过程中，陕西两个站点出现冰雹前后$TBB_{IR1}-TBB_{WV}$变化趋势图。

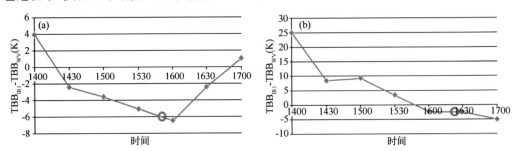

图1　2010年5月4日冰雹云系$TBB_{IR1}-TBB_{WV}$变化趋势图

（a. 陕西省榆林站；b. 陕西省安塞站，红圈对应于冰雹出现时刻，分别为15:41、16:24）

3.6　云系特征与典型个例

以 2009 年 6 月 5 日和 8 月 27 日过程为例给出了典型冰雹天气的强对流云系特征(图 2、图 3)。从红外云图以及 TBB 上看主体对流云系发展过程,产生冰雹的对流云系分为南、北两个对流系统。(1)初始阶段:云图上出现圆形的小型对流单体云块,并迅速发展,亮温迅速降低。(2)发展阶段:单体对流云块逐渐发展为长宽 2∶1 的长形椭圆形状,并与周围的对流系统合并。冰雹开始发生。(3)成熟阶段:前后生成的对流云团合并,形成圆形结构云系(直径 300 km 尺度),并出现大范围冰雹天气。(4)消亡阶段:圆形结构云系范围减小,亮温升高,冰雹天气逐渐减少。

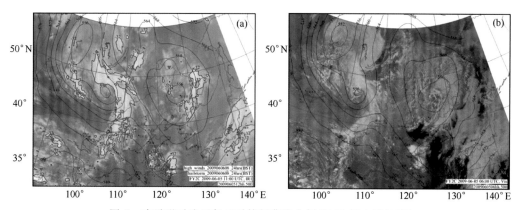

图 2　冰雹强对流天气云系特征典型个例(2009 年 6 月 5 日)

(a. 19 时红外云图 500 hPa 高度场;b. 14 时可见光图像及 500 hPa 高度场)

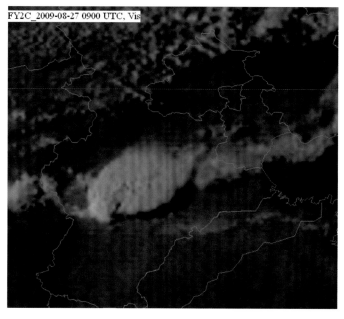

图 3　2009 年 8 月 27 日,17 时冰雹强对流天气云系可见光图像

冰雹出现位置并非云顶亮温低值中心,而对应于云系西南象限,即云系发展移动前沿,亮温梯度的大值区域。

可见光云图表明两块主要的对流云系在西南象限前缘均出现了较为明显的上冲云顶和暗影现象;2009 年 6 月 5 日的对流云系移动方向右前侧边缘非常光滑,说明形成了飑线结构,出现了大范围的冰雹天气。

IR1 通道和水汽通道亮温差值的负值中心表征强对流活动的中心区域。而其负值的大小变化也反映对流活动发展的强弱趋势。

4　讨论与总结

本文对 2009—2011 年共 17 次冰雹天气过程进行分析,研究了对流系统发展和演变的云系特征,以及对流云系云状、云顶红外亮温及其梯度等与冰雹发生前后的变化趋势,总结了基于静止卫星资料对冰雹进行监测和预警的分析技术方法和着眼点。初步统计结果表明,冰雹多出现在对流云系的快速发展阶段和成熟阶段的初期,位置多位于云顶红外亮温梯度大值区,偏向云团移动前沿一侧。当对流系统中冰雹易发区域内 IR1 通道和 WV 通道的亮温差值($TBB_{IR1} - TBB_{WV}$)为负值时,且 TBB 较低时,冰雹出现的几率较大。

强对流天气的卫星监测是强对流天气预报预警业务的基础之一。目前,国家气象中心已经建立较为稳定的卫星监测业务。未来需要加强的是卫星资料在强对流天气中的应用工作,包括典型雷暴大风、冰雹天气过程和典型天气系统强对流过程的分析应用工作,从深入的定性分析向定量分析方向发展,最终建立基于卫星资料、雷达资料和闪电资料等的强对流监测预警的综合技术和系统。

参考文献

陈渭民. 2003. 卫星气象学. 北京:气象出版社.

林隐静,郑永光,蓝渝,毛冬艳. 2012. FY-2 静止卫星资料在国家级强对流监测中的应用. 天气预报技术总结专刊,4(4):44-47.

Bettina Bauer-Messmer and Albert Waldvogelb. 1997. Satellite data based detection and prediction of hail. *Atmospheric Research*,**43**:217-231.

Daniel Rosenfeld,William L. Woodley,Amit Lerner,et al. 2008. Satellite detection of severe convective storms by their retrieved vertical profiles of cloud particle effective radius and thermodynamic phase. *Journal of Geophysical Research-Atmospheres*,**113**,D04208,doi:10. 1029/2007JD008600.

高光谱大气红外探测仪(AIRS)数据
在强对流天气预报中的应用试验[①]

刘　辉[1,2]　寿亦萱[1,2]

(1. 国家卫星气象中心,北京 100081;

2. 中国气象局中国遥感卫星辐射测量和定标重点开放实验室,北京 100081)

摘　要: 使用高光谱分辨率大气垂直探测仪(AIRS)标准反演数据计算大气不稳定度,对 2011 年 6 月 23 日和 2011 年 7 月 24 日北京两次强对流天气发生前的大气不稳定能量进行分析研究。分析发现:两次强对流天气发生前,在北京的上游关键区大气处于极端不稳定状态,TT 指数大于 60,抬升指数在 -10 到 -20 度之间,K 指数大于 40,SI 指数小于 -5;在强对流天气发生后,大气中不稳定能量得到释放,TT 和 K 指数降低,抬升和 SI 指数增高。文章的研究结果表明,高光谱大气垂直探测仪器的反演衍生产品可以在对流云团发生前监测到大气中的不稳定能量堆积情况,提高强对流天气的预警时效。

关键词: 高光谱;反演;不稳定;强对流

1　引言

　　强对流天气通常包括强雷雨造成的暴雨、冰雹、雷暴大风、龙卷等中小尺度天气现象,暴雨、冰雹和雷暴大风是北京夏季出现频率比较高的强对流天气,具有强度大、时间短、破坏力强等特点(利用探空资料判别)。由于强对流主要是由中小尺度的天气系统引起的,在定量预报上具有很强的难度。

　　随着现代探测手段的发展,近年来国内外气象学者利用气象卫星、天气雷达、闪电定位仪等资料,对强对流天气的发生、发展过程及短时临近天气预报、预警方面开展了大量的研究(葛润生,1964;马振骅等,1980;李云川等,2006;何晖等,2006;雷蕾等,2011;王令等,2004;曾小团等,2010;张德林等,2010;郑永光等,2010),但强对流天气的 $3 \sim 6 \ h$ 的潜势预报仍然是一项需要攻克的难关。通常预报员可以通过环流形势图来发现强对流发生的大尺度天气背景,却无法通过其确定强对流发生的具体时间和具体区域;预报员还可以通过雷达回波和卫星云图来发现对流云团,但强对流云团从初生到降水出现往往只需要很短的时间,从而造成有效预警时间很短,远远不能满足防灾减灾需求;常规探空资料虽然能反映强对流出现前本地上空大气温湿结构,但是其观测间隔时间长,无法准确体现强对流发生前大气状态。

①　国家卫星气象中心创新团队项目、国家自然科学基金(40905014)和国家高技术研究发展计划——863 计划(SS2012AA120403)共同资助

致谢:感谢李俊博士、陆其峰博士和张芳华高工在本文成文期间的指导和支持。

卫星垂直探测和先进的反演技术可以使我们每天获得更多的垂直大气状态分布。因此本文利用高光谱分辨率大气垂直探测仪（AIRS）标准反演数据计算大气不稳定度指数,对北京 2011 年两次强对流发生前的大气不稳定能量进行分析研究,希望其可以成为强对流潜势预报的"新资料",有助于提高强对流预报时效。

大气不稳定指数是判断不稳定大气层结中对流发展与否的常用指标。文章利用 AIRS 28 层标准反演大气温湿度廓线计算了两次强对流天气的 4 种大气不稳定指数,分别为:(1)总指数 T_T,$T_T = T_{850} + T_{d850} - 2T_{500}$,$T_T$ 越大越容易发生强对流天气;(2)抬升指数(LI),一种表示自由对流高度以上不稳定能量大小的指数。它表示一个气块从抬升凝结高度出发,沿湿绝热线上升到 500 hPa(海拔 5500 m 左右高度)处所具有的温度被该处实际大气温度所减得到的差值。该差值的绝对值越大,出现对流天气的可能性也越大;(3)K 指数,$K = (T_{850} - T_{500}) + T_{d850} - (T - T_d)_{700}$,$K$ 指数越大,大气层结越不稳定;(4)沙氏指数(SI),$SI = T_{500} - TS$,$SI > 0$,表示大气层结稳定,$SI < 0$,表示大气层结不稳定,负值越大,大气层结越不稳定。

2　大尺度环流背景

两次强对流天气都出现在午后,"6·23"强对流天气过程北京降水量超过 100 mm 的地区超过 120 km^2;"7·24"强对流天气过程北京降雨量超过 100 mm 的地区超过 2250 km^2;中小尺度系统的活动在这两次强降水过程中都具有不可忽视的作用,这也是文章选择此两例过程进行试验的主要原因。

中尺度系统的发生发展离不开有利的大尺度条件和环境场的支持(丁一汇,2005)。从环流形势演变看,"6·23"暴雨发生前,高空环流为经向型特征,南北向表现为两高夹一低,即北京以西为一个典型的蒙古冷涡,在该冷涡南北两侧分别存在两个高压,北侧高压在贝加尔湖上空呈阻塞形势,南侧副热带高压的脊线位于 28°N 附近(图略)。降水发生前蒙古冷涡向南向东缓慢移动。从 11 时开始,受该系统的影响,北京以西地区开始出现分散性的弱降水(寿亦萱,2011)。造成北京强降水的对流云团就是在冷涡后部的无云区内形成的。

与"6·23"暴雨不同,"7·24"暴雨是由高空槽后不断东移南压的冷空气与副高西侧偏南暖湿气流交汇的结果。从环流形势演变看,高空环流为纬向型特征,降水发生前,在暴雨区以西的高纬度地区蒙古国以北存在一个宽广的低涡系统,它与河套附近的高空槽同相叠加,与此同时,在暴雨区以东的中纬度地区西风带的高压脊与副高叠加,这种形势有利于高空槽移速减慢并不断加深(图略)。至 24 日 14 时,850 hPa 附近低涡生成并发展,降水也随之产生。

从上述内容来看,两次暴雨过程的环流背景有明显不同,"6·23"暴雨属于高空低涡类暴雨,而"7·24"暴雨则属于低槽冷锋类暴雨。

3　对流产生机制

中小尺度对流系统的形成、发展和消亡与其环境条件关系密切,大气层结不稳定、低层抬升作用和丰富的水汽条件被认为是深对流系统形成和发展的三要素。

3.1　大气不稳定性

两次降水过程发生前 500 hPa 以下高空槽都有前倾槽特征,且在水平风垂直分布上,降水产生前北京站上空也均表现为低层风随高度顺转,高层风随高度逆转的特征。这些事实表明,降水发生前高层干冷空气叠加在低层暖湿空气上,形成温度和湿度的差动平流,给降水区上空造成不稳定大气层结结构。

对于"6·23"暴雨,从卫星云图上看,影响北京的强对流云初生于北京西西南方向(见图 1),AIRS/AQUA 卫星过境时对流云团正处于初生阶段,天空云量不大,因此可以通过 AIRS 垂直探测资料反演的不稳定指数发现此地大气正处于极端不稳定条件下;在对流云初生区域(北京西西南方向)TT 指数大于 60,K 指数大于 40,SI 指数小于一5(见图 2)。

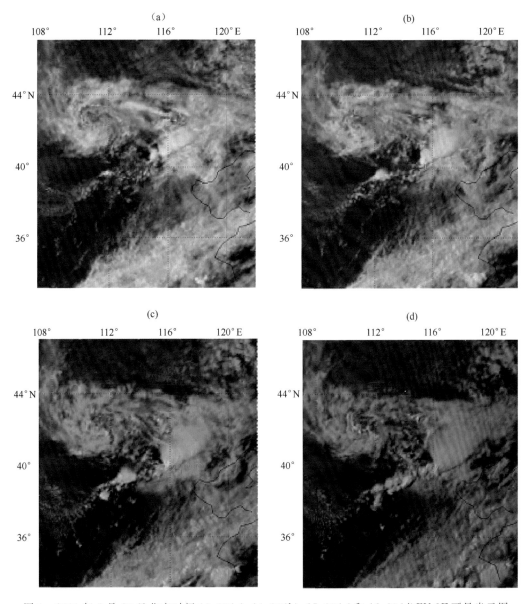

图 1　2011 年 6 月 23 日北京时间 13:30(a),14:30(b),15:30(c)和 16:30(d)FY-2E 可见光云图

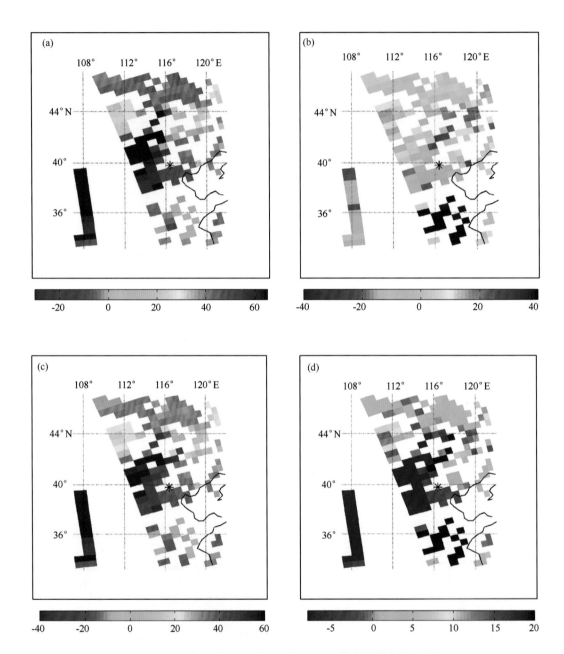

图 2　2011 年 6 月 23 日北京时间 13:30 北京及周边地区大气
不稳定指数示意图:(a) TT,(b) LI,(c) K 和(d) SI

　　到 24 日凌晨 AIRS/AQUA 卫星再次过境时,北京地区主要降水过程已经接近尾声,虽然天空大部分区域被云覆盖,但从零星的晴空区域仍可以发现大气中不稳定能量得到释放,不稳定指数减弱:在北京及周边区域,TT 指数小于 0,K 指数小于 0,SI 指数大于 20(见图 3)。

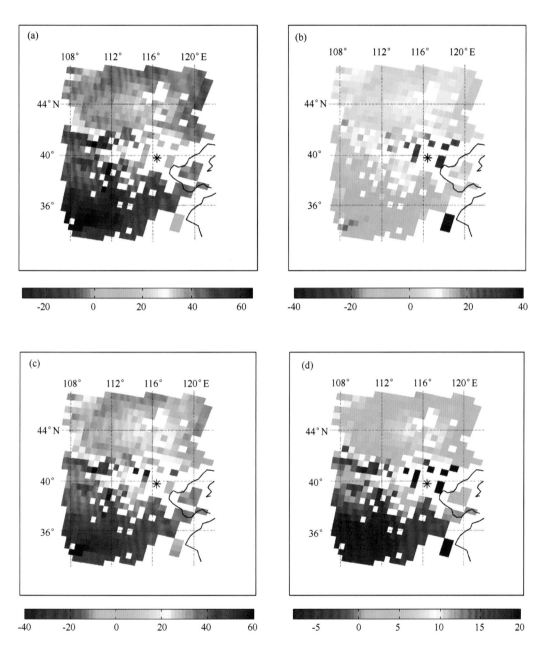

图 3　2011 年 6 月 24 日北京时间凌晨 1:30 北京及周边地区大气
不稳定指数 TT(a)，LI(b)，K(c) 和 SI(d)示意图

　　对于"7·24"暴雨，由于强对流云在 AIRS/AQUA 卫星过境时已经发展成熟并开始影响北京，因此无法通过 AIRS 的晴空大气探测反演数据来获得北京地区上空的大气不稳定状态，但是通过图 4～图 5 我们可以发现，AIRS 监测到了内蒙古东部地区对流云的初生。

25日凌晨北京及周边地区的零星不稳定指数显示（见图6），北京上空大气层结稳定，很好地揭示了此时北京强降水的结束。

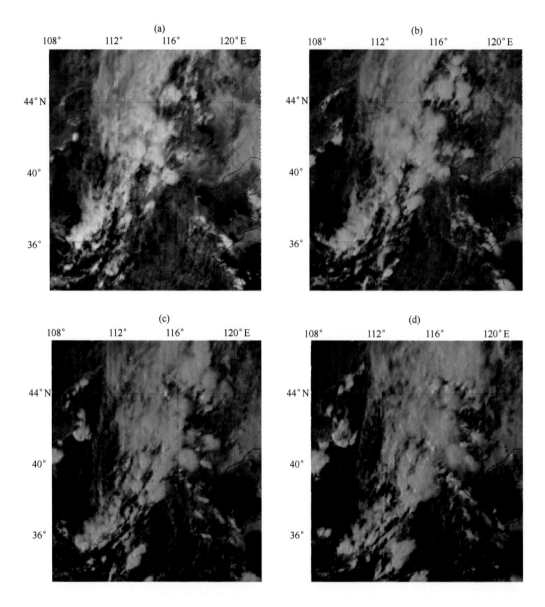

图4　2011年7月24日北京时间13:30(a),14:30(b),15:30(c)和16:30(d)FY-2E可见光云图

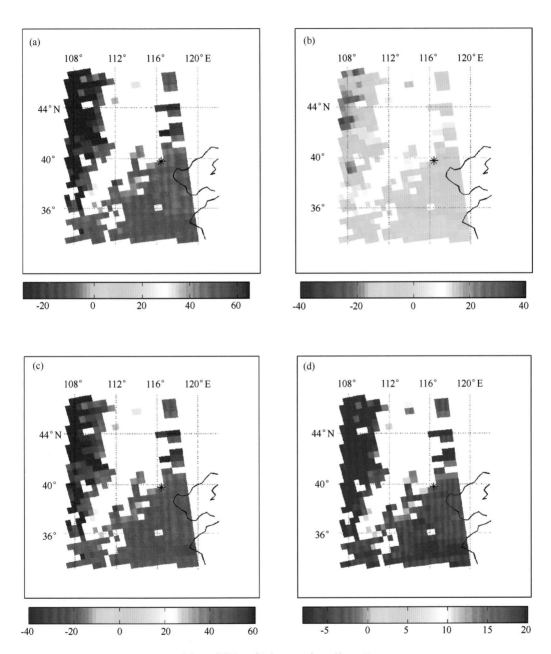

图 5　同图 2,但为 2011 年 7 月 24 日

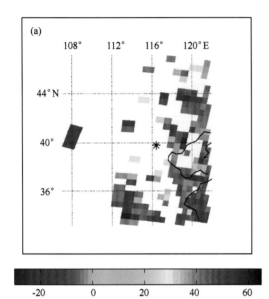
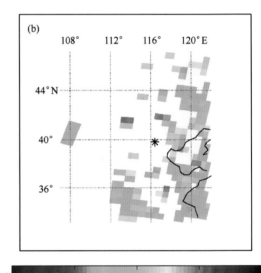
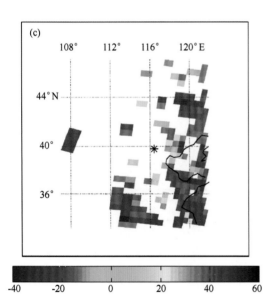
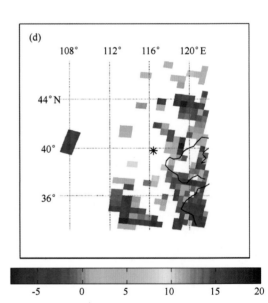

图 6　同图 3,但为 2011 年 7 月 25 日

3.2 对流触发

由两次过程的高低空散度场分析发现,降水区都处在高空辐散低空辐合的地区,表明两次过程均具备产生强降水的有利的大尺度动力条件。此外,从高空急流与降水区的位置关系来看,"6・23"和"7・24"暴雨在降水产生前 12 h,降水区都处于高空急流入口区右侧(图略),由急流入口区激发的直接热力环流对降水的产生起到了强的次天气尺度的动力强迫作用。这两个尺度的辐合抬升很可能是强对流形成的直接触发机制。

通过图 2 我们可以发现,在"6・23"北京暴雨发生前,北京及西西南地区抬升指数小于 0,极值小于−15,表明在该地区大气处于辐合抬升区,与大尺度环境特征相呼应,为寻找暴雨发生的触发机制提供依据。

遗憾的是,由于"7・24"暴雨发生前,AIRS/AQUA 卫星过境时北京及对流云初生区域已经被云覆盖,无法通过卫星监测数据获得此时的抬升指数分布情况。

3.3 水汽输送

通过环境数据和卫星反演大气可降水发现(图略),两次暴雨过程的水汽均来源于对流层低层。其中,"6・23"暴雨期间对流层低层有两条水汽通道,一条呈纬向分布,由西向东伸至降水区,另一条则位于副高西侧呈经向分布,由南向北伸至降水区,北京市恰位于这两条湿舌的前端等 θ_e 密集带交汇处;而"7・24"暴雨期间对流层低层只有一条水汽通道,即沿副高西侧呈西南—东北走向。

4 结论与讨论

文章使用高光谱分辨率大气垂直探测仪(AIRS)标准反演数据计算大气不稳定度,对 2011 年 6 月 23 日和 2011 年 7 月 24 日北京两次强对流天气发生前的大气不稳定能量进行分析研究。分析结果表明高光谱卫星垂直探测产品计算的大气不稳定指数可以监测到对流发生前的大气不稳定能量堆积情况,从而增加比雷达和云图更早一步发现强对流天气发生的可能性。

由于极轨卫星每天仅过境两次,因此文章仅回答了"卫星垂直资料否能用在强对流天气预报中"这个问题,要想在强对流预警中真正用上这种"新资料",还有很长的路要走,还有很多的问题要解决。例如,如何快速使用卫星垂直探测资料计算大气不稳定指数产品、有云时卫星探测资料的处理、使用哪些不稳定指数才能更准确地反映大气真实状态、不稳定指数阈值判识等等,这些也是我们的下一步工作内容和科研方向。

参考文献

丁一汇. 2005. 高等天气学. 北京:气象出版社,315-336.

葛润生. 1964. 北京地区降雹过程的雷达分析. 气象学报,**24**(2):213-222.

何晖,张蔷,宛霞. 2006. 北京地区几次冰雹大风天气过程的地闪特征与雷达回波的对比观测. 中国气象学会 2006 年年会论文集.

雷蕾,孙继松,魏东. 2011. 利用探空资料判别北京地区夏季强对流的天气类别. 气象,**37**(2):136-141.

李云川,王福侠等. 2006. CINRAD/SA 雷达产品识别冰雹、大风和强降水. 气象,**32**(10):66-71.

马振骅,刘锦丽,马建骊. 1980. 冰雹云的指状回波结构及其形成机制探讨. 大气科学,**4**(1):21-29.

寿亦萱. 2011. "6·23"北京大暴雨中尺度对流系统研究. 2011年灾害性天气预报技术论文集. 北京:气象
　　　出版社,244-250.

王令,康玉霞等. 2004. 北京地区强对流天气雷达回波特征. 气象,**30**(7):31-35.

曾小团,梁巧倩等. 2010. 交叉相关算法在强对流天气临近预报中的应用. 气象,**36**(1):31-40.

张德林,马雷鸣. 2010. "7·30"上海强对流天气个例的中尺度观测及数值模拟. 气象,**36**(3):62-69.

郑永光,张小玲等. 2010. 强对流天气短时临近预报业务技术进展与挑战. 气象,**36**(7):33-42.

与对流层高层反气旋有关的
强降水卫星图像特征

任素玲[①]　　许健民　　蒋建莹

（国家卫星气象中心，北京 100081）

摘　要：气候平均显示，我国中东部有一类降水和对流层高层反气旋（南亚高压）脊线的位置有关。气候平均 4 月底 5 月初，南亚高压中心在中南半岛南部建立，孟加拉湾和南海夏季风相继爆发，随着南亚高压中心向西北方向移动，高压东侧脊线向北推进，我国中东部雨带也向北移动。8 月下旬，南亚高压开始南撤，我国中东部雨带也开始南压。逐年的我国中东部区域平均降水出现在南亚高压脊线的北侧，在南亚高压东侧脊线北推的过程中呈现两周左右的南北震荡。卫星水汽图像基本表征了对流层中高层的大气运动信息，水汽图像和云导风叠加能够很好描述对流层高层反气旋的中心位置和脊线位置，并且能够追踪对夏季降水非常重要的中高纬度下沉干冷空气的活动，同时，中高纬度水汽图像上南压的小尺度暗区一般具有正位涡异常，它对雨带的推进可以造成持续降水期间雨强的迅速增强。和南亚高压相关的强降水主要出现在两个区域，一个位于南亚高压的西南侧，一个位于南亚高压的东北侧，在这两个区域由于气流的发散特征，高层的辐散清楚。其中南亚高压西南侧的高层辐散区对 4 月底和 5 月初孟加拉湾热带风暴的生成和夏季风的爆发起重要作用；南亚高压的北侧为副热带西风气流，当西风急流强盛时，这个区域高空为强辐散区，对我国夏季强降水起重要作用。南亚高压的推进和撤退覆盖了我国大部分地区，时间跨度上从 5 月初持续到 10 月初，因此，针对夏季淮河流域强降水的卫星图像特征得出的结论在春秋某些天气过程中也同样具有适用性，并且在比较偏北的西北、华北等地也同样具有某些共同特征。在南亚高压位置和形态影响我国降水的落区和强度的同时，强降水造成的潜热释放也对南亚高压的非对称不稳定发展起重要作用。

关键词：南亚高压；水汽图像；云导风；暴雨

1　引言

　　南亚高压作为夏季北半球一个重要的行星尺度系统，关于它的形成和发展演变已经有很多的研究，一般认为，南亚高压的形成和青藏高原夏季加热有关。罗四维等（1982）通过多年的资料分析了南亚高压的位置和形态与我国雨带的分布关系，还指出 120°E 处南亚高压的位置对划分长江流域入梅和出梅有指示意义。张琼等（1997，2001）分析指出，南亚高压的位置和强度变化与我国长江流域大范围的降水有密切的关系，当 100 hPa 高度场异常偏强时，江淮流域异常多雨，而南北两侧的华南、华北少雨，因此引起降水的年代际异常的

①　任素玲：rensl@cma.gov.cn；电话：010-68407187
致谢：本研究受国家自然科学基金项目（41105028）资助。

主要因素与南亚高压的异常分布有关。由气候平均可见,南亚高压对我国降水的分布有重要影响。另外,影响我国夏季的一个重要的行星尺度系统为西北太平洋副热带高压,刘还珠等(2006)研究表明,高层西风带和南亚高压的动力作用会引发西太副高的短期震荡。罗玲等(2005)和张玲等(2010)也都指出,南亚高压对西太副高的变异有一定的作用。因而,在分析我国夏季强降水时,除了关注中低层大气环流的特征,南亚高压也是一个非常重要的需要关注的系统。

气象卫星水汽图像描述了对流层中上层信息,由水汽图像反演的大气运动矢量场可以很好地描述对流层高层南亚高压的位置和形态。侯青和许健民(2006)主要利用多年大气运动矢量资料分析了强降水时的对流层高层的环流,分析了对流层高层反气旋和我国南方强降水的关系。另外,水汽图像暗区特征对降水也具有重要的指示意义,姚秀萍等(2005)分析了2003年梅雨期暴雨过程中干冷空气侵入和演变特征以及干冷空气侵入对暴雨发生、发展和维持的作用,研究认为,梅雨期中高纬度干冷空气的南下,有利于江淮流域暴雨的发展,干冷空气的活跃与暴雨过程相对应。

本文将主要通过相关个例的分析阐述和南亚高压相关的我国夏季降水卫星图像特征。同时分析这种类型的降水在北方地区以及春秋季节的普遍适用性。主要分析有利于强降水产生的水汽图像特征以及水汽通道导风分布。

2　气候平均南亚高压和我国中东部降水演变特征

平均而言,北半球对流层高层反气旋中心冬季位于西北太平洋上空,随着太阳的北推,海陆热力差异以及潜热加热的影响,4月底到5月初南亚高压中心在中南半岛南部形成,此时,受南亚高压西南侧强高空辐散的影响,孟加拉湾东南部对流活跃,亚洲夏季风首先在孟加拉湾暴发。从图1中可以看出,5月1日,南亚高压中心位于中南半岛南部,高压脊线位于10°N附近,5月15日,南亚高压中心北移到中南半岛北部,华南以及南海地区位于高压的东北侧,气流呈辐散状态,此时,南海夏季风开始爆发。6月15日,南亚高压中心向西北方向移动到青藏高原上空,而高层反气旋脊线也北推到华南,7月上中旬,高压脊线较稳定的维持在长江附近。8月15日左右,南亚高压中心和脊线达到最北的状态。9月份开始再次南落东退。11月份对流层高层反气旋中心到达4月初的状态,位于菲律宾以东的洋面上,完成一个年循环。

图2a给出了110°~120°E区域平均200 hPa纬向风分布,零风速线代表对流层高层反气旋脊线。从图2中可以看出,5月初南亚高压脊线迅速北推,对应着26候(5月上旬)大于5 mm的平均降水量迅速扩展到南海大部分区域,而我国华南的持续降水也开始向北推进到30°N以北的区域,41候(7月底)南亚高压脊线推进到32°N附近的最北端,而平均降水大于5 mm的降水带也推进到37°N附近的最北端,而2~5 mm的降水则推进到华北以及内蒙古等地。8月底以后,随着南亚高压脊线的缓慢南落,降水也有一个缓慢南落的过程。因此,从气候平均上来看,南亚高压东侧脊线位置和我国雨带的年循环有密切的关系。

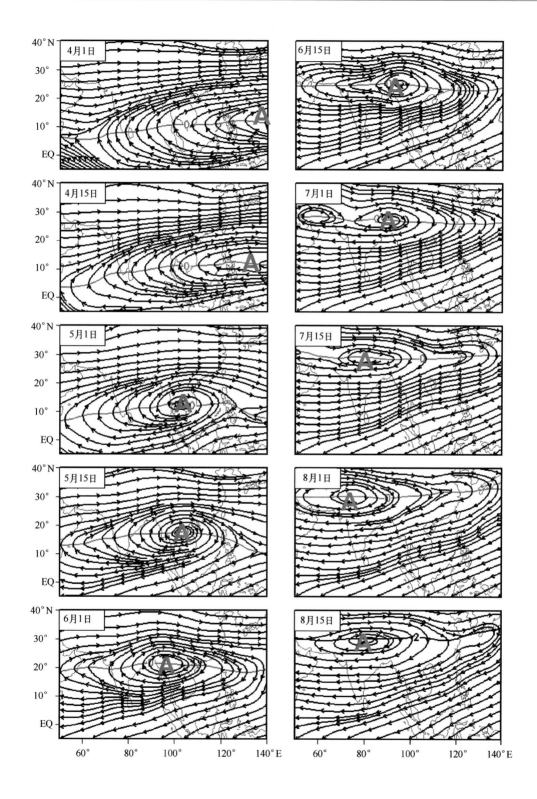

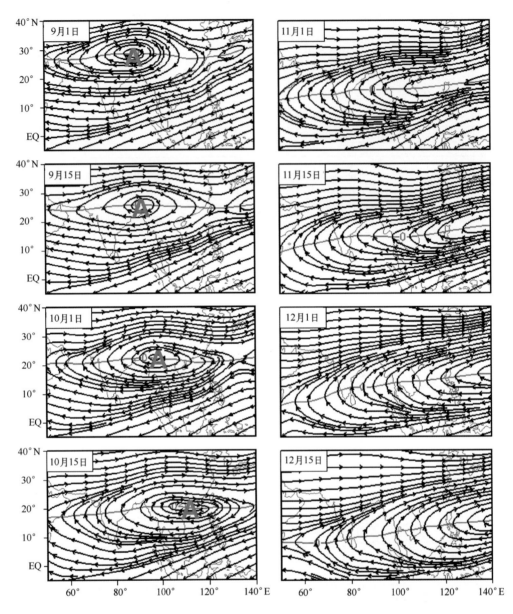

图 1　4—12 月半月间隔的气候平均 200 hPa 流场和南亚高压中心（A 处）以及
高压脊线位置（红色线）演变图

　　从 110°～120°E 区域平均的日降水量分布和南亚高压脊线分布可以更清楚地看到两者的关系（图 3），2007 年 5 月 15 日左右，南亚高压脊线迅速北抬到 23°N 附近，南亚高压脊线的北侧 27°N 附近 16 日开始出现明显的降水过程，降水南移的过程中南亚高压脊线也向南移动，降水过后，南亚高压脊线于 5 月 20 日迅速北推到更偏北的位置（28°N 附近）。整体而言，2007 年 5 月 15 日—7 月 14 日，110°～120°E 区域我国东部地区出现六次比较清楚的降水过程。在这六次降水过程中，降水出现在南亚高压脊线的北侧，并且随着降水的南移高压脊线也南移，高压脊线再次北跳的位置一般比上一次的纬度偏高。从整个过程来看，

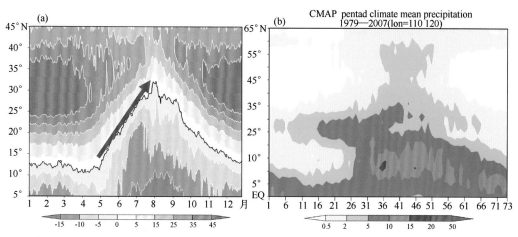

图2　110°～120°E区域内气候平均200 hPa纬向风随时间演变(a,黑色实线代表东西风交界,红色为西风,蓝色为东风);以及110°～120°E区域内气候平均降水量随时间演变(b,时间单位为候,CMAP降水)

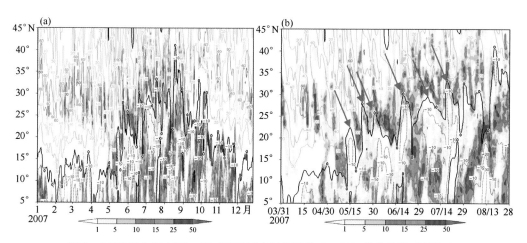

图3　2007年全年110°～120°E区域内气候平均200 hPa纬向风时间演变
(a.黑色实线代表东西风交界,实线为西风,虚线为东风;单位:m/s)和
2007年4—8月110°～120°E区域内降水量随时间演变(b.填色图,TRMM降水,单位:mm)

2007年6月30日—7月12日我国东部出现一次强降水过程,降水强度强持续时间长,本文重点通过这次过程分析南亚高压东部脊线北侧的强降水卫星图像特征。

3　淮河流域强降水卫星图像特征

　　2007年6月30日—7月12日,在南亚高压东部脊线的北侧出现了一次强降水过程,降水主要出现在29°～34°N附近的淮河流域。图4给出了2007年7月1—12日(113°～122°E;29°～34°N)区域内1小时总降水量随时间演变。可以看到,在持续降水期间,出现了多次异常强降水时间段,下面以7月3日强降水来分析造成异常强降水的卫星图像特征。

　　从7月3日1小时降水量可以看出,强降水出现在03—18时,最强降水出现在上午的

9 点左右,24 小时累计降水量最大值为 155 mm(图 5)。

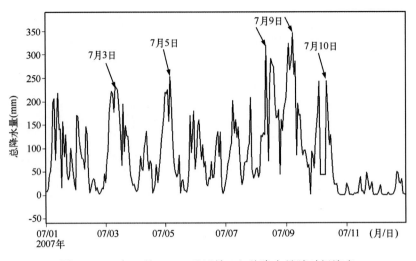

图 4　2007 年 7 月 1—13 日区域 1 h 总降水量随时间演变

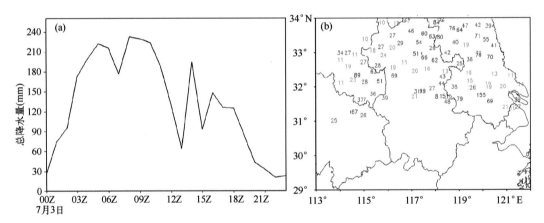

图 5　2007 年 7 月 3 日 1 h 降水量区域总降水量随时间演变(a)和
7 月 3 日 08:00—4 日 08:00 24 h 总降水量分布(b)

　　在强降水出现前,自内蒙古中部、西北地区东部水汽图像上有暗区向东南方向移动(图 6)。随着暗区的南压,淮河流域由稳定性降水转变为局地强对流性降水(1 h 降水分布图未给出),可以看到,3 日 18 时,暗区南压到河南中部和山东南部,在暗区的前侧,安徽南部和江苏南部形成一条强对流云带。为了分析该暗区对淮河流域持续降水期间异常强降水的影响,图 7 给出了沿图 6 中黑色实线方向的位涡和垂直涡度的垂直剖面。3 日 02 时(图 7c)沿着暗区移动的方向有高位涡从西北方向向下伸展,在 400～600 hPa 左右的高度形成高位涡中心,并且正垂直涡度也从 2 日 20 时的(图 7b)$2×10^{-5}$ 增加到 $3×10^{-5}$,并且其最大中心也移动到对流层低层,3 日 14 时(图 7e),西北侧的正垂直涡度向南伸展到江苏南部(图 6a),对应着该地区强对流云团的发展。3 日 20 时(图 7f)后,随着暗区的东移,西北侧的位涡正涡度都迅速减小,正涡度仅出现较低的对流层下层,降水强度明显减弱。因此,北方小尺度暗区具有正位涡异常,在暗区的移动方向的前方对流层中下层形成高位涡舌以及正涡度舌,随着正涡度由对流层中层伸展到淮河流域近地面时,有效增强了对流的发展和降水的产生。

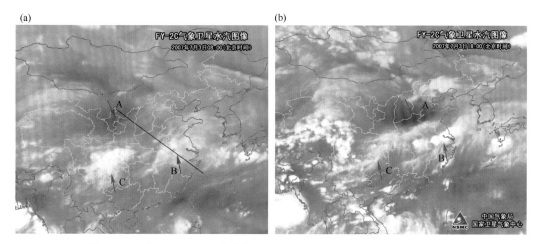

图 6　2007 年 7 月 3 日强降水期间 08:00BT(a)和 18:00BT(b)水汽图像
A 处为水汽暗区,黑色线为图 7 中垂直剖面的方向

　　从探空观测可以看出,在水汽图像上暗区的地方,500 hPa 高度上为冷中心(图 8 左),并且 500 hPa 暗区的地方为西北气流,风速较大,暗区中心附近水汽混合比为零,2 k/kg 的等值线基本位于暗区的南缘,北侧为干区,南侧为湿度较大的地方。因此,水汽图像上北方南下的这种类型的暗区具有干冷的特征。我们知道,夏季降水中冷空气起重要作用,特别是中小尺度冷空气活动对稳定降水过程中强降水的触发很重要。夏季气象卫星水汽图像和动画能够很清楚地监测到对流层中上层各种尺度的冷空气活动以及冷空气移动方向,因此水汽图像在天气预报分析中能发挥重要作用。

　　在这次强降水过程中,对流层高层反气旋中心位于四川中部,江汉、江淮等地位于南亚高压东侧脊线北部的强高空辐散区域(图 9),在南亚高压的北侧为强的副热带西风急流,西风急流和南亚高压南侧的偏东风形成强的高空辐散,对该地区的对流发展提供了有力的高层抽吸环境。

4　降水特征在西北地区的适用性

　　和对流层高层反气旋相关的强降水卫星图像特征在西北地区也有一定的适用性。随着季节的北推,平均而言,7 月底和 8 月初,南亚高压脊线北推到 35°N 附近,但是就某一年而言,该高压脊线可以北推到更为偏北的地方,西北地区东部、华北等地经常有一类降水和南亚高压活动有关。本部分将通过 2010 年 8 月 7 日夜至 8 日凌晨发生在甘肃省南部甘南自治州的短时强降水为例子进行说明。

　　2010 年 8 月 7 日夜至 8 日凌晨,甘肃南部出现对流性强降水,造成严重的自然灾害。从 FY-2E 气象卫星 TBB 的监测显示(图 10)低于 −62 K 的亮温首先出现在青海的东部,系统然后向东南方向发展,夜间一条云带向偏东方向移动,另一个强对流云团继续向东南方向移动,造成了此次灾害性天气。从 1 小时降水量来看(图 11),最强降水出现 7 日 21 时以后,并且降水从西向东发展。

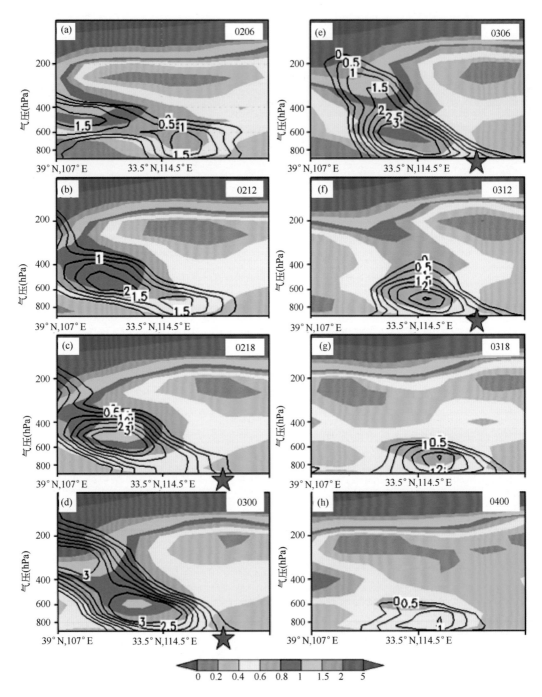

图 7　2007 年 7 月 2—4 日强降水期间每 6 小时间隔的位涡(填色)和垂直涡度(黑色等值线)沿着图 6 中黑线的垂直剖面(世界时),图中红色五角星标记为图 6 中强对流云团发生位置(图 6 中 B 处)

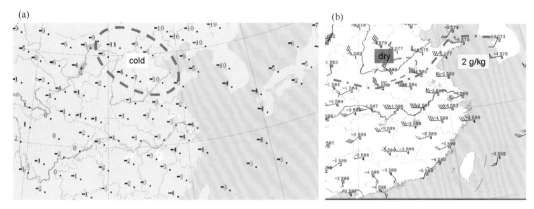

图8　2007 年 7 月 3 日 20 时 500 hPa 天气图
（a. 温度；b. 风场和混合比湿）

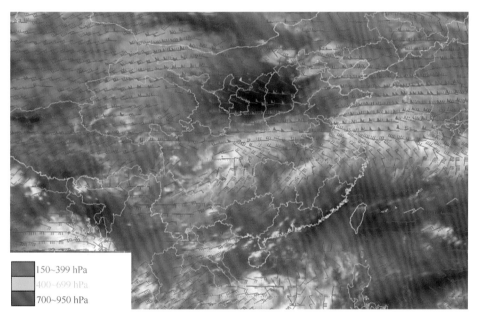

图9　2007 年 7 月 3 日 13:30（北京时间）水汽大气运动矢量图像

　　从增强水汽图像和 200 hPa 风场叠加可以看出（图 12），2010 年 8 月 7 日 20 时，在强降水的北侧内蒙古中西部水汽图像上有一条暗带（橙色区域），从水汽图像动画可以看出该暗区在强降水发生前是一个东移南压并加强的过程，同时在 200 hPa 等压面上，甘肃南部位于对流层高层反气旋的东北侧，风向呈明显的辐散。从水汽导风以及由导风计算的对流层高层散度可以看出（图 13），强对流发生在高压北侧的强偏西风和南侧强偏东北风形成的高辐散区域。可以看出，这次强对流天气过程同样发生在南亚高压东北侧强高空辐散区，降水区的北侧有代表冷空气的暗区活动，和夏季江淮区域的强降水有一些共性。

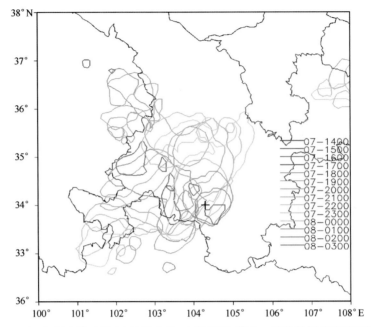

图 10　2008 年 8 月 7 日 14 时至 8 日 03 时 TBB 低于 −62℃ 的区域随时间演变

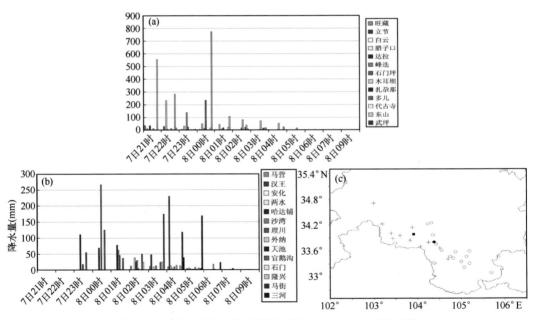

图 11　自动站 1 h 降水量实况图(单位 0.1 mm)和站点分布

(a)为甘南地区各站点 1 h 降水量;(b)为陇南地区站点 1 h 降水量;(c)自动站站点分布,十字、黑色实心圆、实心
以及空心方框标记的站点属于甘南地区,空心圆标记的站点属于陇南地区,其中,黑色实心圆代表为舟曲县城的
位置,空心方框为东山站,实心方框为代古寺站

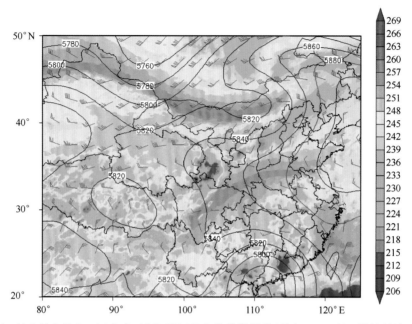

图 12 2010 年 8 月 7 日 20 时（北京时间）FY-2E 水汽增强图像（填色）、200 hPa 风场以及 500 hPa 高度场叠加，红色等值线为 5880 gpm，代表副热带高压的位置

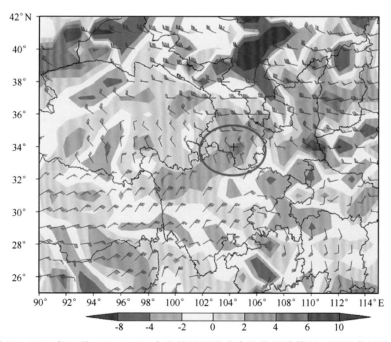

图 13 2010 年 8 月 8 日 01:30 水汽导风以及由水汽导风计算的对流层高层散度

5　降水特征在春秋季节的适用性

在春秋季节,南亚高压东侧脊线北推或南压的过程中,江南、华南等地也会出现类似的降水过程。2012 年 9 月 21—22 日,江南中部出现暴雨天气(图 14),暴雨区发生在江西中北部。从水汽图像和水汽导风叠加图(图 15)可以看到,这时南亚高压中心位于云南附近,东侧的高压脊线位于广西和广东北部。西北地区东部至江淮一带有水汽暗区,从水汽动画可以清楚看到该暗区的南压的过程。

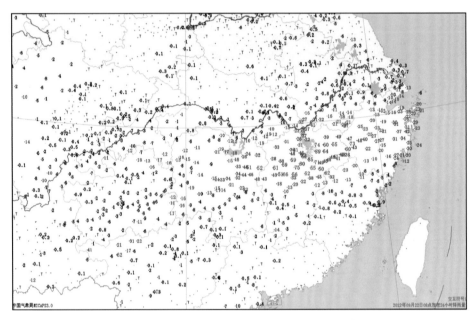

图 14　2012 年 9 月 21 日 08 时—22 日 08 时 24 h 累计降水量(mm)

6　总结和讨论

由前面的分析可知,南亚高压系统是影响我国夏季天气的重要行星尺度系统,有一类强降水出现在南亚高压东北侧高层辐散区,该区域位于南亚高压东侧脊线的北侧。并且持续降水期间如果北方有暗区向降水区靠近,会造成对流和降水的异常增强。这类水汽图像上的暗区一般为对流层中高层干冷空气,在暗区移动路径的前方,对流层中下层具有位涡以及正涡度异常,并且超前于水汽图像暗区伸展到移动方向上更靠前的位置。

这类降水不仅出现在夏季我国南方地区,还可能出现在我国的北方地区以及春秋季节的南方地区。

卫星水汽导风图像能够很好地描述大气对流层中上层流场的信息,而水汽图像上暗区的移动变化能够为天气预报服务人员提供对夏季降水非常重要的冷空气活动信息。因此,对卫星水汽图像以及导风数据的有效利用能够提高对天气系统发展演变的把握程度。

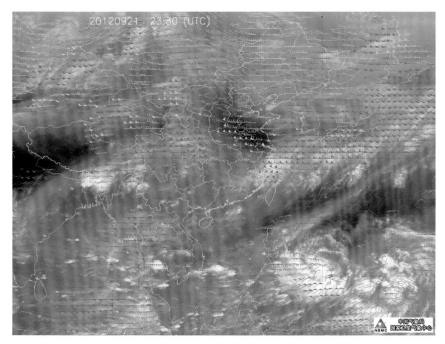

图15 2012年9月22日07:30水汽图像和导风叠加

虽然在天气分析中,对流层低层水汽输送、垂直运动、低层风速和风切变是非常重要的因素,但是大气对流层上层的环流结构也非常重要,对流层高层的环流对中低层环流也有一定的调节作用。只要当高低层有利条件很好地耦合在一起的时候,才是最有利于强天气发生的形势。

分析表明,有一类夏季强降水和南亚高压的位置和形态有关,而强降水伴随的潜热释放能在短期内能够显著改变南亚高压中心位置和形态。从逐年降水的观测来看,降水过后,南亚高压东侧脊线有个突然北跳的过程,新的降水在更偏北的位置产生,而南亚高压中心和脊线出现南北的震荡。以往关于南亚高压的震荡主要关注它的东西方向上准两周震荡。对于南北震荡的研究较少,一般认为,其南北振荡与西风带槽脊的活动有关。但是,研究也表明,热带或副热带强降水的潜热释放对中纬度槽脊的发展有重要影响,可以引导一次冷空气活动。因此,研究南亚高压脊线北侧强降水对南亚高压后期发展演变的影响机制可以更好地为天气预报服务。

参考文献

侯青,许健民. 2006. 卫星导风资料所揭示的对流层上部环流形势与我国夏季主要雨带之间的关系,应用气象学报,**17**(2):138-144.

刘还珠,赵申蓉,赵翠光. 2006. 2003年夏季异常天气与西太副高和南亚高压演变特征的分析. 高原气象,**25**(2):169-178.

罗玲,何金海,谭言科. 2005. 西太平洋副热带高压西伸过程的合成特征及其可能机理. 气象科学,**25**(5):465-473.

罗四维,钱正安,王谦谦. 1982. 夏季100 hPa南亚高压与我国东部旱涝关系的天气气候研究. 高原气象,

　　　1(2):1-10.

姚秀萍,于玉斌. 2005. 2003 年梅雨期干冷空气的活动及其对梅雨降水的作用,大气科学,**29**:973-985.

张玲,智协飞. 2010. 南亚高压和西太副高位置与中国盛夏降水异常. 气象科学,**30**(4):438-444.

张琼,钱正安,陈敏连. 1997. 关于南亚高压的进一步研究 I . 与我国西北地区降水的关系的统计分析. 高原气象,**16**(1):52-62.

张琼,吴国雄. 2001. 长江流域大范围的旱涝与南亚高压的关系. 气象学报,**59**(5):569-577.

利用 AMSU 气旋相空间产品
分析热带气旋结构特征

方哲卿　黄宁立

（上海海洋气象台，上海 201306）

摘　要:搭载在美国新一代极轨气象卫星上的先进的微波探测器(Advanced Microwave Sounding Unit，AMSU) 提供了分析热带气旋热力及云雨结构特征的探测能力。以 AMSU 的气旋相空间产品，结合模式同种类预报产品，对 2012 年经过上海同纬度多个热带气旋进行个例研究,结果显示：台风"天秤"、"布拉万"及"三巴"，进入中纬度后在海上的路径较长，均出现了气旋结构的非对称变化,高层暖心结构破坏,但由于多种原因,低层暖心结构仍然保留,上述台风都没有能够经历完整的气旋变性。台风"海葵"及"达维"在登陆后结构的瓦解,气旋相空间的变化也有较好的对应。

关键词:热带气旋；AMSU；气旋相空间

1 引言

大部分热带气旋进入中纬度地区都会发生向温带气旋的转变。这一变性过程会造成气旋结构、强度、路径和降水分布的明显变化,使得预报和服务变得更为困难。进入东海并影响上海的热带气旋都面临与中纬度系统相互作用的复杂过程,因此判断其变性与否是一个关键性问题。

本文首先介绍了 AMSU 资料和"气旋相空间"方法,通过三个参数：对流层低层热力对称性参数、高层热成风参数、低层热成风参数,刻画热带气旋发展演变过程中的结构特征。结果显示：台风"天秤"、"布拉万"及"三巴"，进入中纬度后在海上的路径较长，均出现了气旋结构的非对称变化,高层暖心结构破坏,但由于多种原因,低层暖心结构仍然保留,上述台风都没有能够经历完整的气旋变性。台风"海葵"及"达维"在登陆后结构的瓦解,气旋相空间的变化也有较好的对应。

然而,有研究指出气旋相空间方法对于西北太平洋的热带气旋有一定的局限,而 AMSU 与模式分析产品之间也存在差异,本文最后对该方法在预报中的应用方式做出探讨。

2 AMSU 资料的介绍

先进的微波探测器 AMSU 是搭载在新一代 NOAA 极轨卫星上的仪器,第一台 AMSU 仪器于 1998 年 5 月 13 日随 NOAA-15 卫星发射升空。AMSU 包括 AMSU-A 和 AMSU-B 两部分,其中 AMSU-A 有 15 个微波探测通道,通道 4~14 的频率为 52.8~57.29 GHz,主要用于大气温度探测,通道 1、2、3 和 15 主要用于地表和降水探测；AMSU-B 包括五个通道,主要用于大气湿度探测。由于微波辐射几乎能够穿透云层,即使在可见光和红外卫星云图上表明被云覆盖的区域,AMSU 也能够透过云层测量垂直大气参数,使卫星大气探测达到全天候探测能力。相对于搭载在 NOAA-KLM 之前的卫星上的微波探测器(MSU),AMSU 较高的空间分辨率(110 km VS 48 km),更多的探测通道(4 VS 20 通道),并能够提供水汽的信息,对热带气旋的观测和分析提供更好的手段。

　　自从 1998 年 5 月由 NOAA-15 携带的首个 AMSU 探测器投入应用以来,AMSU 探测资料被广泛应用于热带气旋预报业务。主要的应用有:热带气旋的定位、暖心结构的估算与分析、中心风速和降水率的估计和分析(Kidder,2000),以及由 AMSU 资料反演的温度、湿度、风场等要素资料在热带气旋分析预报中的应用(魏应植等,2005)。

3　气旋相空间方法介绍

3.1　气旋相空间参数

　　每一个气旋都可以通过三个参数:对流层低层热力对称性参数、高层热成风参数、低层热成风参数,刻画其在发展演变过程中的结构特征(Hart,2003)。对流层低层热力对称性参数 B 是相对于气旋前进方向,900～600 hPa 厚度梯度。平均厚度的计算是以 500 km 为半径,该参数描述了气旋的锋结构特性(Beven,1997)。如图 1 所示,当 B 为 0 时,低层厚度梯度为 0,若厚度最大值位于气旋中心,则气旋为暖心无锋结构,若厚度无最大值,则为锢囚的变性气旋。当 B 大于 0 时,气旋呈现锋面结构,气旋已经开始变性。

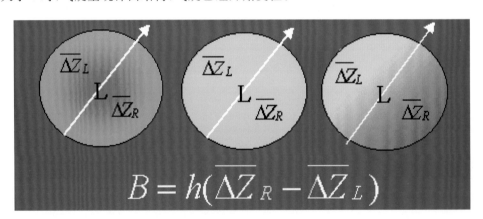

图 1　对流层低层热力对称性参数示意

　　低层热成风参数 $-V_T^L$,是确定气旋低层热成风的量级,方法是通过计算 900～600 hPa 垂直方向地转风梯度。该参数是用来确定气旋中低层的冷心、暖心结构特征,因为一个暖心气旋风随高度减小,冷心气旋风随高度增大(Miner et al.,2000)。

$$\frac{\partial \phi}{\partial \ln P} = 1 \mid V_T \mid \begin{cases} \text{暖心 } 1 \mid V_T \mid > 0 \\ \text{冷心 } 1 \mid V_T \mid < 0 \end{cases}$$

　　高层热成风参数 $-V_T^U$,与低层热成风参数一致,是通过计算 600～300 hPa 热成风量级,确定气旋高层的冷、暖心结构。

3.2 气旋相位图

通过三个参数的相位图,可以很好地理解气旋生成发展过程中结构和性质的变化(Evans 等,2003)。

如图 2 所示,纵坐标是对流层低层热力对称性参数 B,横坐标是低层热成风参数 $-V_T^L$,每个象限对应的气旋相位分别是:非对称结构与暖心(第一象限),对称结构与暖心(第二象限),对称结构与冷心(第三象限),非对称结构与冷心(第四象限)。图中箭头始、末端分别代表气旋的生成与结束。

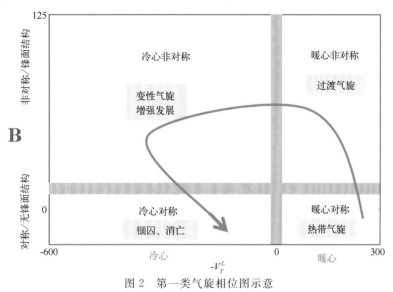

图 2 第一类气旋相位图示意

第一类气旋相位图是 B 与 $-V_T^L$ 的对比,$-V_T^L$ 与 $-V_T^U$ 的对比则是第二类气旋相位图:

如图 3 所示,纵坐标是高层热成风参数 $-V_T^U$,横坐标是低层热成风参数 $-V_T^L$,每个象限对应的气旋相位分别是:深厚暖心(第一象限),上冷下暖(第二象限),深厚冷心(第三象限),上暖下冷(第四象限)。

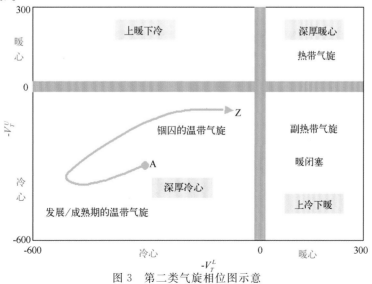

图 3 第二类气旋相位图示意

3.3 相位分析

在第一类气旋相位图中(图 2),若气旋生成于第二象限,经历第一象限,最后结束于第四象限。那么对应的结构特征就是先由对称暖心结构的热带气旋,经历非对称暖心结构的气旋变性,最后发展至成熟的非对称冷心结构的变性气旋。在第二类气旋相位图中,若气旋生成于第一象限,经历第二象限,最后结束于第三象限。那么对应的结构特征就是先由整层的暖心,上层暖心结构开始转为冷心结构,最后变为整层的冷心,对应第一类气旋相位图中所描述的变性过程。至此,将气旋相空间方法应用到实际的气旋个例中,是否变性,变性的程度如何通过相位图可以清楚地辨别。

4 气旋相空间 AMSU 产品的应用

4.1 台风"布拉万"分析

2012 年 8 月 17 日晚间,在关岛西南方海面上生成了热带扰动,后发展为 1215 号台风"布拉万"。在 8 月 25 日,距离布拉万经过上海同纬度不足 72 h,此时中央气象台将布拉万升格为超强台风,在强度和路径预报已经基本一致的情况下,对布拉万的风雨分布仍存在意见分歧。

在过去影响上海的台风中,经常出现台风接近上海时发生结构的非对称变化,导致降水分布与早前预报存在巨大差异,进而出现服务上"风声大、雨点小"的尴尬。如图 4 所示,从 a 至 c 依次是 1007 号台风圆规、1109 号台风梅花和 1215 号台风布拉万,垂直方向的红线标注的是 124°E,我们可以从微波图像上看出三个台风均出现了降水分布的不对称,值得注意的是,右侧布拉万的图像是 8 月 26 日 20 时,但在 25 日它的降水结构仍然是对称的。

即便知晓台风结构可能发生的非对称变化,在 25 日的会商中,仍然有大部分预报员认为布拉万经过上海同纬度时结构对称,会同时带来强降水和大风。中尺度数值模式 SMB-WARMS 的预报也支持这一论点。如图 5 所示,同样是 72 h 降水预报,左侧的布拉万结构对称,右侧的梅花结构不对称。

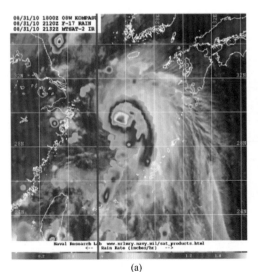

(a)

(b)

(c)

图 4　MTSAT 的红外卫星云图叠加 F-17 反演的降水

(a:1007 号台风"圆规",b:1109 号台风"梅花",c:1215 号台风"布拉万",红线标注 124°E)

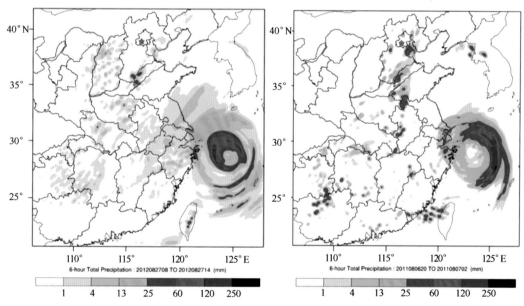

图 5　SMB-WARMS 的 72 h 降水预报

(左:1215 号台风布拉万,右:1109 号台风梅花)

　　此时,气旋相空间的第一类产品,在 25 日会商中对台风结构的预报发挥了作用,如图 6 所示,是根据通过 GFS 模式,制作的气旋相空间预报,起报时间是 25 日 02 时。图中 A 点表示该气旋生成时的状态,Z 点表示该气旋消亡时的状态,圆点大小对应风圈半径,圆点颜色对应中心气压,圆点旁边数字对应日期。我们可以看到从 27 日开始,台风布拉万在气旋相空间的位置,一直处于纵坐标的 0 线上方,即出现了结构不对称,因此降水分布可能东多西少。首席预报员接受了这一意见,并指出区域模式受边界条件限制,48 小时以上的台风降水预报有较大误差。后来的降雨实况也只是小到中雨（图 7）。

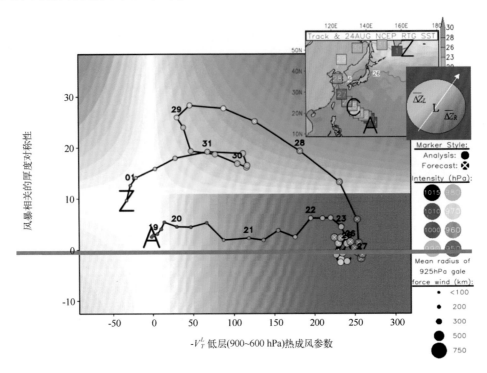

图 6　GFS 预报台风布拉万的气旋相空间产品（起报时间 25 日 02 时，北京时）

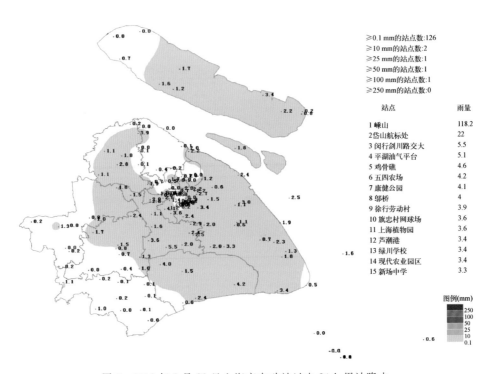

图 7　2012 年 8 月 28 日上海市自动站过去 24 h 累计降水

4.2　台风"三巴"分析

2012 年 9 月 11 日 08 时,在菲律宾以东洋面生成了 2012 年第 16 号热带风暴,称为"台风三巴"。2012 年 9 月 16 日 14 时,台风三巴中心位于浙江舟山东南偏东方向约 600 km 的东海海面上,即北纬 28.8 度、东经 128.1 度,中心气压 930 hPa,近中心最大风力 16 级;9 月 17 日 10 时前后在韩国南部近海减弱为台风,11 时前后在韩国庆尚南道西南部一带沿海登陆。图 8 是台风"三巴"的第一类气旋相空间 AMSU 分析产品,由起始位置第二象限,至登陆朝鲜半岛时位于第一象限,说明台风"三巴"经历了气旋变性,结构发生了非对称变化,但是由于多种原因,变性气旋没有得到充分的发展,并没有形成冷心结构。

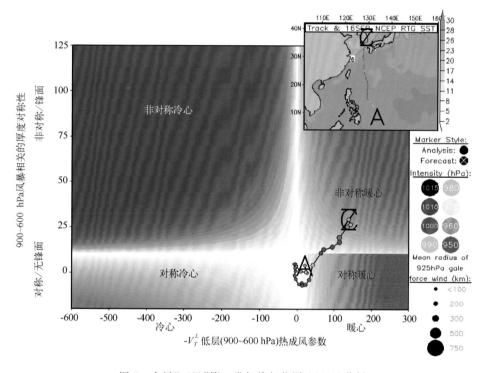

图 8　台风"三巴"第一类气旋相位图 AMSU 分析

类似"三巴","布拉万",台风"天秤"进入中纬度后,也出现了气旋结构的非对称变化,高层暖心结构破坏,但低层暖心结构仍然保留,上述台风都没有能够经历完整的气旋变性。

4.3　与模式对比

然而同一时次的 GFS 模式分析气旋相空间产品则显示台风"三巴"已经位于第一类气旋相位图的第四象限,即完整的气旋变性。两者的差异应该以 AMSU 实况观测为准,所以在气旋相空间预报产品的使用过程中,仍然存在很大不确定性。

此外有研究指出气旋相空间方法对于西北太平洋的热带气旋有一定的局限(郭蓉等,2011),因此该方法在业务中的使用,仍需个例的积累和进一步研究。

5　小结

通过 AMSU 气旋相空间分析产品,以及用其检验后的模式预报产品,可以对热带气旋的变性过程进行分析,对进入东海后气旋的结构、强度变化做出预判,并进一步做出上海的风雨影响预报。这一方法可以在今后的台风季节积累个例,提高台风强度、结构的预报水平。

参考文献

郭蓉,雷小途,郭品文. 2011. "相空间"方法判断西北太平洋热带气旋变性适用性研究,热带气象学报,**27**(2): 258-263.

魏应植,许健民. 2005. AMSU 温度反演及其在台风研究中的应用,南京气象学院学报,4.

Beven J L II,1997. A study of three "Hybrid" storms. *Proc 22nd Conf. on Hurricanes and Tropical Meteorology*,Fort Collins,CO. Amer. Meteor. Soc. ,645-646.

Evans J L and Hart R. 2003. Objective indicators of the extratropical transition lifecycle of Atlantic tropical cyclones. *Mon. Wea. Rev.* ,**131**: 909-925.

Hart R E. 2003. A cyclone phase space derived from thermal wind and thermal asymmetry. *Mon. Wea. Rev.* ,**131**: 585-616.

Kidder S Q. 2000. Satellite analysis of tropical cyclones using the advanced microwave sounding unit (AMSU). *Bulletin of American Meteorological Society*,**81**(6):1241-1259.

Miner T,Sousounis P J,Wallman J and Mann G. 2000. Hurricane Huron. *Bulletin of the American Meteorological Society*. **81**: 223-236.

两例伴有干侵入的中尺度
对流强降水过程分析①

宋林军　侯宜广　吕　翔　张方方　安　迪　张　茹

(徐州市气象局,江苏徐州 221002)

摘　要:伴有干侵入的中尺度对流强降水是预报的难点。不同的环境下干侵入的方式不同,导致中尺度对流系统的特性改变亦不同。2012 年 7 月 4 日和 8 月 10 日在徐州周围发生了两次伴有干侵入的强降水过程。分析表明,一个是先有 MCC 后有干侵入,干侵入发生在 MCC 后部,一个是干冷空气侵入初始对流参与形成 MCS,干侵入发生在 MCS 的前部;一个改变了 MCC 的组织结构和运动特性,一个改变了 MCS 的构成成分和盘旋位置;一个导致 MCC 移动路径转折、移速增强和结构性质的改变,一个导致 MCS 的长时间生存、小范围摆动和振荡增强。两次过程的数值预报结果都不尽如人意,改进的方向在于对干侵入物理过程的模式表达上。

关键词:暴雨;中尺度对流;干侵入;个例分析

1　引言

中尺度对流系统(MCS)有其特定的生存发展环境要求。2012 年夏,在我国中东部淮河以北的徐州周围,先后发生了两次包含中尺度对流系统的天气过程,两次过程分别是梅汛期副高边缘和登陆台风倒槽两种完全不同的环境条件,都伴有干冷空气侵入中尺度对流系统的现象。虽然两次过程中干侵入所起的作用不同,但对干侵入物理过程的把握不足,都极易导致预报失败。

中尺度对流系统在黄河及长江中下游地区活动频繁(曾波等,2011)。对于中尺度对流系统的认识多通过环境场分析来提供帮助,也有利用形态特征的保守性得到移动矢作外推预报(王登炎,2000),更多的是通过对系统结构和对流特征研究掌握与相应天气条件的联系(汪会,2011),很少有涉及干侵入的个例分析。

干侵入,即平流层大气下沉至对流层中下层的现象。对干侵入的研究近年来取得了很大的进展,有助于全面了解天气系统和次天气系统的演变和发展过程及其机制。对于干侵入结构和特征的研究及其在天气系统及次天气系统发展中作用的研究,越来越受到气象学者的关注(于玉斌等,2003)。

2　形势背景与过程概况

2012 年 7 月 4 日是一次典型的副高边缘暴雨形势。如图 1,4 日 08 时西风槽云系与副高

①　资助项目:江苏气象科研基金项目 KM201204 资助。

通讯作者:宋林军,Tel:15205208529,0516－85640051;E-mail:xzljs@163.com

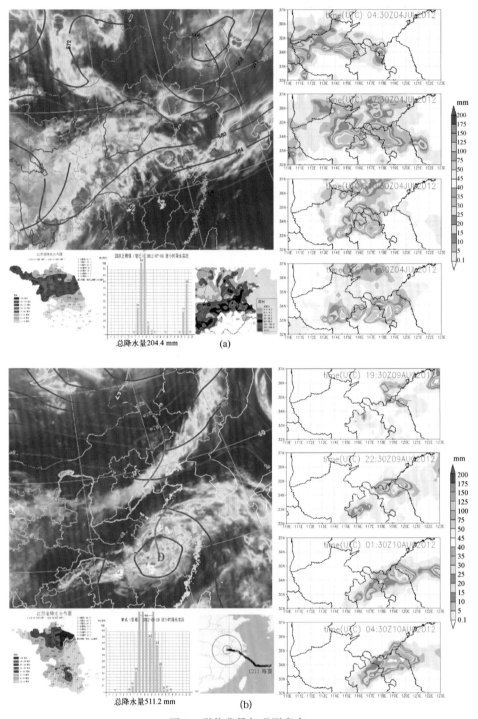

图 1　形势背景与观测事实

(a)2012 年 7 月 4 日 08 时 500 hPa 形势与红外云图,江苏降水分布,泗洪上塘自动站雨量,4 日 08 时至 5 日 08 时 24 h 雨量分布,TRMM 卫星 3 h 降水反演;(b)8 月 9 日 08 时 500 hPa 形势与红外云图,江苏降水分布,响水自动站雨量,11 号台风海葵路径,TRMM 卫星 3 h 降水反演

边缘云系形成"人"字形云带,MCC生成于"人"字形云带的暖区一侧,位于"人"字头的底部,按照经典MCC(中尺度对流复合体)定义(Cotton et al.,1986),13时起胞,14时开始,16时冲顶,持续时间大于8 h。

本次过程在豫中、皖北、鲁西南、苏中北造成大范围暴雨天气。徐州位于暴雨区的北部边缘,自动站最大降水171.7 mm,最大雨强为72.5 mm/h。江苏24 h最大雨量204.4 mm。

2012年8月10日,第11号台风海葵进入安徽南部减弱为低气压,台风倒槽向北伸到连云港附近,高空低槽携干冷空气经渤海偏北东移,形成共同作用暴雨形势(鞍型场)。对流云团发生于台风倒槽顶部,冷暖空气对峙形成MCS,椭圆型云团从06时到14时少动,持续时间超过8 h。雷达强回波带早晨停滞在灌云、连云港市区上空,上午逐渐脱离云台山,南压到响水上空,停留时间超过6个小时。

本次过程的影响范围局限于江苏东北,在盐城响水造成全省历史降水量第二位的极端降水,24 h雨量511.2 mm,连续6 h出现短时强降水,4次小时降水量在100 mm左右。灌云、响水、连云港、涟水四个站小时降水量超历史极值。

TRMM卫星3 h降水反演可以清晰地反映出中尺度系统的存在与活动。

对比分析表明,两次过程分别由副高边缘和台风倒槽提供充沛的暖湿空气,具备产生强降水的基本水汽条件,两次过程的干冷空气势力都不强,因而,有无中小尺度系统活动,过程的差异将会非常的大,使得,中尺度对流系统的形成方式和发展演变成为关注焦点。

3 数值预报产品检验

早在7月1日,EC就开始预报4日副高边缘西风槽东移,低涡切变线东移北抬。2日08时开始,江苏WRF模式连续四个时次,不同起始场预报徐州4日前后高层冷下沉、低层暖上升的南北风场结构。相对应的,有漏斗状自200 hPa以上高层指向中低层的假相当位温时序变化,表明了来自平流层的大尺度下沉运动。2日开始,不同起始场的江苏WRF模式开始预报4日苏北强降水过程,各家产品虽有不同,落区都偏北。

11号台风"海葵"的移动路径,鲜有模式较早提前预报8月10日的苏北强降水。8日08时开始,江苏WRF模式同样连续四个时次,不同起始场预报连云港10日前后高层冷下沉运动的南北风场结构。相对应的,有漏斗状自200 hPa以上高层指向中低层的假相当位温时序变化。来自平流层的大尺度下沉运动较7月4日的过程更强烈。

对比实况分析表明,涉及中尺度对流系统的数值产品,单纯的降水预报可信性明显偏低,而表明干侵入前兆的流场结构稳定可信。7月4日的过程,中尺度对流系统改变的是环境流场主导的大尺度降水分布,有一定程度上的可预报性;8月10日的过程,中尺度因素直接决定了强降水的形成,几家模式对此均无模拟能力。

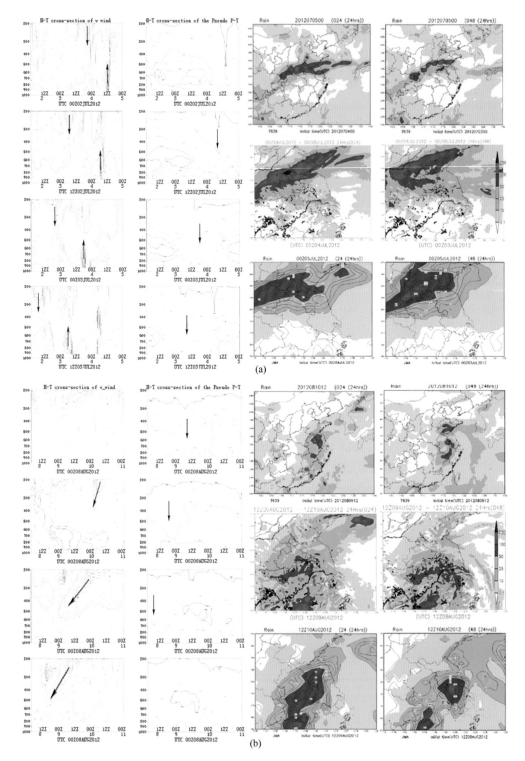

图 2　T639、江苏 WRF、JMA 数值预报产品检验

(a)2012 年 7 月 4 日过程不同起始场,江苏 WRF 徐州南北风分量、假相当位温时序,三个模式的降水预报;(b)8 月 10 日过程不同起始场,江苏 WRF 连云港南北风分量、假相当位温时序,三个模式的降水预报

4　干侵入的时机与过程

7月4日早晨,暖云带在苏皖中北部经线状对流触发形成,并不断北抬,上午09时和12时前后,云带主要影响宿迁、淮安、盐城一线,并为徐州带来第一阶段短时强降水,冷云带从陕西、重庆、贵州东移,形成"人"字形云带。12时30分,在郑州南侧,几个未充分发展的对流云团围绕一个新生对流单体合并发展,很快在河南和安徽北部的交界区形成密实云团,判断为MCC(陈乾,1984)。MCC形成的位置位于低空西南急流的左前方,在"人"字形云带头部区域的底部,靠近暖区一侧。从MCC形成时起,郑州到西安一线,浓密云区中有一个不断扩大的干冷空气侵入缺口。初期,干冷空气并未侵入MCC,MCC表现为光滑的团状,并随"人"字形云带的东移而东移,此时的1 h降水分布如同MCC一样,呈有组织的环状,18时以后,干冷空气开始侵入MCC,在底层干冷空气侵入和重力波传播的作用下,团状云团内部β中尺度对流短带由环状转变为纵向排列,迫使MCC低层暖性结构(肖稳安,1986)发生改变,最终形成类似于冷锋的带状降水。

8月10日早晨,台风低压外围环流经地形抬升,在连云港云台山的迎风坡形成中尺度对流,此时,图1b中的高空槽云带残留的尾部已经接近对流云团,云图上可识别出清晰光滑的椭圆形MCS系统。由于干冷空气主体偏北东移,本次过程的干侵入过程在红外云图上反映不明显。从逐小时降水分布可见,早晨06时开始,干冷空气从低层开始侵入,向北凸起的雨带转为向南凹,随着干冷空气的不断南侵,雨带断裂,地形对流小范围移位,对流加强,随后,冷暖气流相向运动,相互对峙,雨带呈逆时针旋转,11时强中心重建,之后出现了钩状回波。11时左右滨海县界牌镇的陆集、镇南、新巨、双龙四个村庄遭受龙卷风袭击,龙卷持续时间约20 min,直径约500 m。表明,MCS已经发展成为超级单体风暴。

对比分析表明,7月4日的过程干冷空气首先侵入MCC的环境流场,红外云图可以作为环境流场的示踪物,干冷空气顺着副高外围气流相向侵入,侵入位置在MCC移动方向的左后方,发生于MCC成熟之后,干侵入发生时降水强度最强。8月10日的过程有地形抬升的初始对流,缺少环境流场的红外云系,干侵入迎着台风外围气流逆向侵入,干侵入发生直接导致中尺度对流系统加强发展,并因冷暖气流对峙,使得MCS移动缓慢。

干侵入的机制实际上是高位涡的侵入和下传过程,在水汽图像上表现得最为明显(姚秀萍等,2009)。与同时次红外云图对比可以发现,针对7月4日的过程,水汽图像上的暗区响应要比红外云图的示踪效应更早,几乎与中尺度对流系统同时发生。针对8月10日的过程,在红外云图的示踪效应不起作用的情形下,水汽图像上的暗区响应及早地表明了北方干冷空气与南方暖湿气流相结合的趋势。

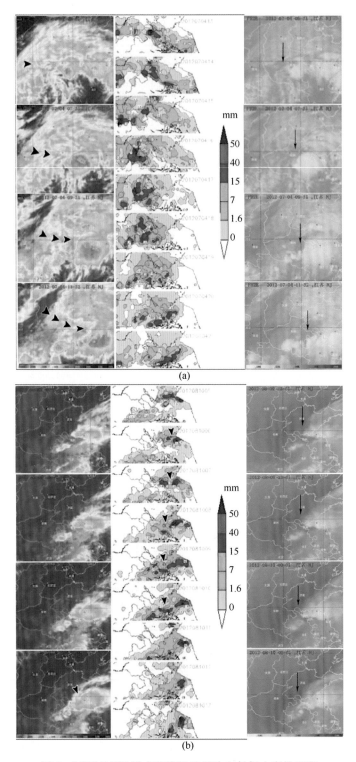

图 3　MCC/MCS 形成环境以及干冷空气侵入变性过程

(a)2012 年 7 月 4 日 13:30、15:30、17:30、19:30 红外、水汽卫星云图与逐小时降水;(b)8 月 10 日 06:00、07:00、

08:00、09:00 红外、水汽卫星云图与逐小时降水

5 干侵入对中尺度对流系统及强降水的作用

以上分析表明,这两次过程干侵入前后降水的分布和强度都发生了明显的改变,这是怎样实现的呢? 发生过程中有哪些显著特征呢?

观测特征。7月4日过程,24 h强降水分布与MCC质心移动路径有明显的相关关系,干侵入导致MCC移动路径发生转折性改变,将其他云团降水分离后,MCC的最强降水就产生在干侵入的发生时刻。8月10日过程,风廓线观测揭示了干侵入的细节,4:30边界层出现了由东南向东北的风向逆转,两个小时以后,风向逆转脱离了边界层向上快速伸展到达近6 km,随后,中低层偏北风分量一直持续到强降水结束,干侵入时间比强降水发生时间要早。

模式描述特征。7月4日的降水过程在水平风场模拟上有所反映。16时以前,MCC尚未成熟,风场模拟上也没有特别的响应。16时前后,与MCC对应的位置上,低层风场已经有涡旋形成,16时以后,低层涡旋的移动与MCC质心轨迹高度一致,而高层风场仅有弱风区相呼应。8月10日的降水过程水平风场响应不明显。江苏WRF 9日20时起始场的10日06时3 h降水预报与NFS 8日20时、9日08时、9日20时不同时次起始场"动力＋热力关注区"指数预报相对比,反映了数值模式对初始对流拥有一定的描述能力。不同时次起始场对连云港风廓线预报和垂直速度预报,表明了数值模式对干侵入及其所激发的垂直上升运动的描述。整体而言,与干侵入有关物理量的模式表达是有能力的,突出的缺陷是降水产品上没有显著响应。

雷达回波特征。7月4日16时,MCC冲顶,与云团对应的雷达回波区,β中尺度对流呈环形分布。16时以后,干冷空气开始侵入MCC,β中尺度对流重新调整,至18时前后,形成沿MCC移动路径上纵向排列的弓形回波,并进一步演变成东北—西南走向的带状回波。16时雷达回波强度最强,径向速度上有风暴单体的响应,没有中尺度涡旋的响应。表明干侵入破坏了MCC的结构、降低了对流强度,同时加快了MCC的移动速度,使得降水强度有限。8月10日05时东南气流北顶,高层冷气流下沉,雷达回波出现褶皱,10时,冷气流加强,东南气流不弱,强回波中心南压,回波形状由向南凸转为向北弓,经过进一步演变,至13时,钩状回波成型,超级单体风暴建立。表明,干侵入产生于地形强迫对流之后,并改变了对流性质,干侵入是MCS的结构成分,干侵入过程伴随着MCS的生命全程,干冷空气强度较弱使得干侵入与台风外围东南气流的对峙,使得MCS稳定少动,加之东南气流携带水汽充分、降水效率高,使得降水强度超乎寻常。

通常,干侵入的低湿球位温空气易下沉侵入到湿区上方,由于低层的暖湿空气具有高湿球位温形成位势不稳定层结(张伟等,2006)。分析表明,7月4日过程干侵入发生于MCC成熟之后,8月10日过程干冷空气主体偏北,干侵入经过边界层侵入初始对流之后,干冷下沉气流与超级单体风暴的垂直环流合为一体,因此,这两次过程均未出现类似情况。

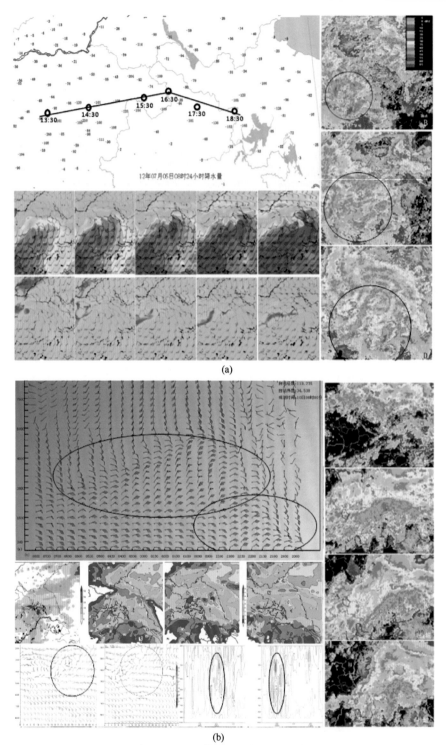

图 4　干侵入的观测、模式描述与雷达回波特征变化

(a)①2012 年 7 月 4 日 13：30 至 18：30 逐小时 MCC 质心轨迹叠加 7 月 5 日 08 时 24 小时降水分布；②4 日 08 时起始场
　　江苏 WRF850、925 两层 16 至 20 时风场逐小时预报；③徐州雷达 15：45、16：32、17：38 三个时次的组合反射率因子图

(b)①8 月 10 日连云港风廓线图；②江苏 WRF 不同时次起始场"动力＋热力关注区"指数；③江苏 WRF 9 日 08 时、20 时
　　起始场，连云港风廓线、垂直速度预报；④1.5 度仰角 05 时、08 时、10 时、13 时四个时次的雷达拼图

6　结论

干侵入对比分析的归纳如下：

· 物理过程：一个是先有 MCC 后有干侵入，干侵入发生在 MCC 后部。一个是干冷空气侵入初始对流参与形成 MCS，干侵入发生在 MCS 的前部。

· 作用机理：一个改变了 MCC 的组织结构和运动特性。一个改变了 MCS 的构成成分和盘旋位置。

· 影响结果：一个导致 MCC 移动路径转折、移速增强和结构性质的改变。一个导致 MCS 的长时间生存、小范围摆动和振荡增强。

依据对比分析得到结论如下：

大尺度流型对大范围暴雨过程有强烈的指示意义，但对中小尺度对流系统的刻画明显不足，无法满足精细化预报需要。

在特定的情形下，梅汛期副高边缘和台风倒槽中都可以形成中尺度对流系统，受环境影响，中尺度对流系统的生消演变与干侵入机制密不可分。

干侵入对中尺度对流系统和所带来的强降水可以起到正反两个方面的作用，需视具体情况具体分析。

涉及中尺度对流系统的降水过程时，需对数值产品的使用进行深入拓展，原因在于数值模式对干侵入机制的直接描述障碍。

MCC 的形成与环境密切相关，不能发生于冷暖对峙的切变区。干冷空气侵入之前的 MCC 与经典 MCC 相类似，干冷空气侵入之后，MCC 的结构和所伴随的降水特性都有明显改变。MCS 的形成更青睐于冷暖对峙的环境。干冷空气侵入之前仅有地形抬升造成的初始对流，干冷空气侵入之后，MCS 可以迅速发展成为超级单体风暴。

参考文献

Cotton W R，McAnelly R L，田生春译. 1986. 中纬度 α 中尺度对流复合体的 β 中尺度的发展. 气象科技，**1**：13-19.

陈乾. 1984. 关于中尺度对流复合体的若干问题[J]. 气象科技，**3**：47-54.

汪会. 2011. 江淮地区降水和对流特征以及 MCS 天气条件：梅雨期与梅雨前、后期对比分析关于中尺度对流复合体的若干问题. 中国气象科学研究院.

王登炎. 2000. MCS 的形态特征和外推预报[J]. 气象，**26**(8)：22-24.

肖稳安，周晓兰. 1986. MCC 系统的卫星云图特征和结构的初步分析[J]. 南京气象学院学报，**2**：136-142.

姚秀萍，彭广，于玉斌. 2009. 干侵入强度指数的表征及其物理意义[J]. 高原气象，**28**(3)：507-515.

于玉斌，姚秀萍. 2003. 干侵入的研究及其应用进展. 气象学报，**61**(6)：769-778.

曾波，谌芸. 2011. 我国中东部地区的 MCS 统计分析. 第 28 届中国气象学会年会——S3 天气预报灾害天气研究与预报.

张伟，陶祖钰，胡永云，王洪庆，黄炜. 2006. 气旋发展中平流层空气干侵入现象分析[J]. 北京大学学报(自然科学版)，**42**(1)：61-67.

宁夏"7·29"大暴雨中尺度诊断分析[①]

贾宏元[1,2]　　刘鹏兵[2]　　田　凤[2]

(1. 宁夏气象防灾减灾重点实验室,银川 750002;2. 宁夏气象台,银川 750002)

摘　要:利用常规气象探测、多普勒雷达、卫星云图、加密气象站等高分辨率的观测及 NCEP 再分析资料,对宁夏 2012 年"7.29"罕见大暴雨分析表明:此次大暴雨是 MβCS(β 中尺度对流系统,下同)发展并较长时间维持少动的结果。MβCS 最成熟阶段时,TBB 强梯度区偏向冷云中心区对未来 1～2 h 暴雨落区有较好的指示意义;地面辐合线较长时间的维持为大暴雨提供了持续的动力抬升条件;多普勒雷达反演风场可对常规高空探测资料起到有效的补充;深厚湿层的存在对暴雨的形成一方面提供了充沛的水汽,另一方面凝结潜热释放增加了层结不稳定,对降水的持续及强度有重要影响。

关键词:暴雨;TBB(相当黑体温度);MβCS(β 中尺度对流系统);地面辐合线

1　前言

宁夏降水具有明显的局地性特征,区域性暴雨发生率较低,特别是大暴雨,近 50 年(1960—2008 年)仅出现过 3 站次,属于典型的天气气候极端事件(丁永红等,2007),因此暴雨长期以来一直是本区的天气预报技术难点之一。

经过多年努力,对宁夏典型暴雨我们已有了一定的认识。纪晓玲等(2009)总结提出了宁夏贺兰山东麓暴雨统计预报模型,并指出暴雨落区与 850～200 hPa 各层气流及 β 中尺度低值系统的配置关系(纪晓玲,2010);宁夏突发性暴雨具有明显的中小尺度系统特征(贾宏元等,2005;纪晓玲,2010),中北部强对流降水雷达组合反射率与南方之间有明显的差异(胡文东等,2004)。

尽管如此,已有文献对宁夏大暴雨的研究极少关注。本文利用常规气象探测、多普勒雷达、卫星云图、加密气象站等高分辨率的探测数据及 NCEP 再分析资料,采用天气动力学和中尺度分析技术,探讨了宁夏 2012 年"7.29"大暴雨过程的水汽、热力、动力场的空间结构特征,尝试提出了造成此次大暴雨的成因及中小尺度对流系统内部结构、发生发展机制和演变特征。

2　天气事实

2012 年 7 月 29 日夜间宁夏银川、石嘴山两市大部分地区出现了区域性暴雨,局地达大暴雨(图 1a),全区有 183 站次 1 h 雨量超过 10 mm,2 站次 1 h 雨量超 40 mm,累计雨量超过

———————————————

①　中国气象局预报员专项(CMAYBY2013−076);国家公益性行业(气象)科研专项(GYHY201206005)。

通信作者:贾宏元,男,0951−5043015,jhy806@163.com

50 mm 的有 54 个站,超过 100 mm 的有 13 个站,最大降水量出现在贺兰山滚钟口,达 166.2 mm。银川站连续 9 小时降水量超过 5 mm/h,05 时次超过 10 mm/h(图 1.1b),累计降 水 116.5 mm,超过了本站年降水量(180 mm)的 64%,创 1951 年有气象记录以来极值。

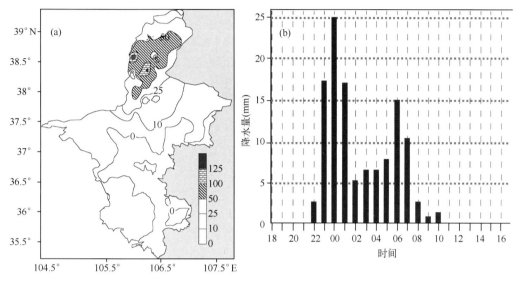

图 1　2012 年 7 月 29 日 20:00—30 日 08:00 宁夏降水量(a)及
29 日 18:00—30 日 16:00 银川逐时降水量(b)(单位:mm)

3　物理场诊断分析

3.1　水汽条件

相对湿度时空剖面(图略)上,强降水发生时,宁夏 37.5°N 以北(中北部)上空高湿层一直 表现得很深厚,750~350 hPa 相对湿度(图略)均超过了 80%,而 300 hPa 以上高层干区明显, 存在强湿度梯度区,这种典型的上干下湿的湿度结构表明强降水发生时层结的极不稳定性。 30 日 08:00 后,虽然低层湿度仍较大,但高湿层高度不断下降,降水明显减弱。

700 hPa 高空比湿(图略)对降水具有明显的指示意义,降水趋势随着 700 hPa 比湿的增大 而增强。已有研究认为,宁夏暴雨 700 hPa 和 500 hPa 比湿指标一般为 8.5~12 g/kg 和 4~ 6 g/kg,而此次大暴雨 29 日 20:00 银川 700 hPa 和 500 hPa 比湿均超过了普通暴雨,分别达 13 g/kg 和 9 g/kg,700 hPa30 日 08:00 仍维持在 11 g/kg,反映本次过程水汽非常充沛。分析 认为,本次大暴雨深厚湿层的存在和维持一方面对本次大暴雨的形成提供了充沛的水汽,另一 方面凝结潜热释放增加了层结不稳定,对强降水的持续及强度有重要影响。

水汽通量散度场(图略)宁夏中低层处于水汽通量散度负值区,北部地区的水汽辐合上升 明显强于南部地区。降水前,中层水汽通量有强的辐散,低层和高层有弱的辐合,随着降水开 始,中低层水汽辐合明显加强,且中心主要位于 700~850 hPa,对流层中层 500 hPa 水汽通量 以弱辐散为主。500 hPa 水汽虽然对本次降雨过程贡献较小,但这种高层辐散低层辐合的配 置加强了水汽的上升,同样促进了暴雨的发生发展。

3.2　动力条件

3.2.1　涡度、散度及垂直速度场

从涡度场 30 日 02 时 107°E 空间剖面图(图略)可见,宁夏中北部低层为正涡度(中心在 850 hPa)高层为负涡度(中心 200 hPa),且中心连线向北倾斜,这种倾斜的大气层结结构也促进了强降雨的发生与维持。散度场空间剖面(图略)上,宁夏中北部 500 hPa 以下为辐合区,中心位于 850～700 hPa,辐散中心在 200 hPa,低层辐合与高层辐散的重叠区对应降雨的极大中心,暴雨区上空,高层正散度辐散与低层负散度辐合相配合,是触发暴雨的动力机制。表现在垂直速度场上,宁夏上空整体以上升运动为主,上升中心位于 500～300 hPa 附近。对流层中上层较强的垂直速度产生强劲的抽吸作用,促使低层暖湿气流辐合上升。

3.2.2　指数分析

在指数变化图(图略)上,银川站降水开始后湿对流有效位能(CAPE)值和 K 指数一直较大,但在降水即将开始时明显增大,特别是 CAPE 由 08:00 的 350 多增强到 2000 多,之后有个缓慢减小的过程,而相应 SI 指数则从 $-0.25℃$ 快速减小到 $-2.78℃$,28 日 20 时又明显增大了 $3.63℃$。

4　中尺度分析

本次大暴雨是在一定的大尺度环流形势下,由嵌入天气尺度系统中的中小尺度系统直接造成的。

4.1　高空中尺度分析

降水开始前,宁夏北部处于 850 hPa 东北风、700 hPa 东南风显著流线交汇区(图略),这种形势一方面造成了动力辐合抬升,另一方面将水汽源源不断输送。500 hPa 负变温、负变高的存在,说明已有冷空气侵入,另外底层 700 hPa 存在高湿区,这种下暖湿上干冷层结为暴雨的发生提供了较强的不稳定能量。同时上游有切变线、辐合区东移,为暴雨发生提供动力抬升触发因子。

4.2　地面自动气象站风场

利用加密自动站逐时风场(图 2)资料,分析地面风场对暴雨的作用,结果发现,大暴雨过程产生的两个强降水中心(银川附近及贺兰山滚钟口),地面一直伴随着两个长度为几十千米到 200 km 的中尺度辐合线的影响,持续时间长达 10 h,辐合线既表现为风向也有风速辐合,其与强降水区域对应较好。29 日 22:00 银川以东区域就出现了弱的辐合;23:00 雨强明显加强,相应在银川东侧形成了 8 m/s NW 风与 6 m/s SE 风的强辐合线;00:00 除了有弱的风向辐合外,银川以东区域东南风迅速加强到了 10 m/s,风速出现了明显辐合,2 h 内辐合线以北的银川、贺兰站降水量超过了 40 mm。同时在银川以西的贺兰山,也存在一个弱的辐合区,只是强度较弱,沿山降水量不强;01:00 左右,贺兰山沿山 SN 风加大到 8 m/s,辐合加大,此区域降水明显加强;02:00—05:00,银川附近地面风场仍有辐合存在,但仅表现为弱的风向和风速辐合,降水开始减弱。07:00 左右,这种辐合强度又有所增强,不过与前次辐合最强时相比仍较弱,降水强度均低于 15 mm/h。10:00 后辐合缓慢南下,强降水区也南撤,14:00 辐合消失,降水停止。在整个降水过程中,银川站 5 mm/h 以上的强降水维持了近 9 h,期间地面辐合线也长时间的存在,其强度与降水强度密切相关,且强降雨带与地面辐合区的走向较一致,且多发生在其略偏北一侧。

地面辐合线长时间的存在是引发本次大暴雨持续的动力抬升条件。

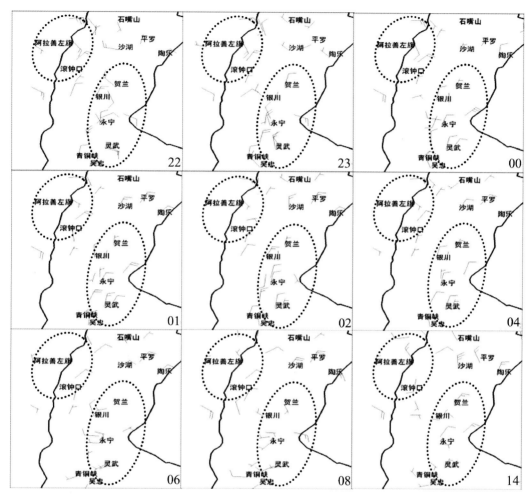

图2　2012年7月29日22:00—30日14:00地面加密自动站风场

另外贺兰山滚钟口的辐合强度虽明显不及银川附近,但降水强度仍超过了银川,分析认为,可能是由于贺兰山东麓一直吹较强东北风,叠加了明显的地形抬升所导致的结果。

4.3 中尺度对流云团

卫星云图黑体亮温 TBB 可清楚地反映中尺度对流系统的演变情况,为暴雨研究提供了可能。本文采用张晰莹等(2007)中尺度对流系统定义方法,将 MβCS 定义为红外云图上具有圆形或椭圆形冷云盖的对流系统,且其−32℃冷云盖的短轴长度在 1.5°～3.0°纬距之间的为 MβCS,其成熟阶段为 TBB≤−32℃冷云盖面积达最大时,且其椭圆率在 0.5°以上。MβCS (图3)从移入宁夏到减弱移出,共维持了 5 h 以上,在东移过程中,其前侧不断发展加强,云罩和冷云顶面积不断的扩大,是一个前向传播系统。−52℃冷云区面积 22:00—23:30 达最大,超过了 60000 km²,−60℃的面积也达到了 40000 km²,冷云中心值低于−65℃,MβCS 发展到最成熟阶段,同时在冷云核心区前侧偏东南向,出现了明显的楔形尖突的强 TBB 梯度区(图中圆环所示),强梯度区维持了近 3 h。依据雷达反演的风场(图4)其正好位于低空急流的下风方、700 hPa 暖切变线北侧,并随着低空急流和切变的减弱而消失。分析认为,在 MβCS 最成熟阶段并出现楔形尖突强 TBB 梯度区时,强梯度区 TBB 值偏低的区域,在 1～2 h 内降水强度明显增大。加密自动站资料反映此区域在 23:00 和 00:00 分别出现了 39.7 mm/h 和 47.7 mm/h 的暴雨(黑三角所示);00:00 后,−52℃冷云区面积有所缩小,但强梯度区仍然明显,降水强度有所减弱,仍有 20 m/h 以上的强降水。1:30 后,强梯度区消失,MβCS 东移,降水强度明显减弱,1 h 降水不超过 10 mm。因此,中尺度对流系统成熟阶段出现强 TBB 梯度区对暴雨发生有一定的指示意义。

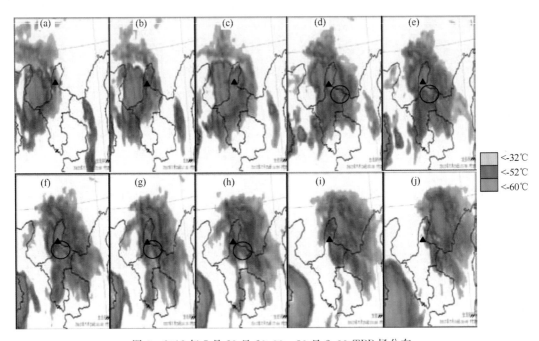

图 3　2012 年 7 月 29 日 20:00—30 日 2:00 TBB 场分布
(a、b、c、d、e、f、g、h、i、j 分别为 20:00,21:00,22:00,23:00,23:30,00:00,00:30,01:00,01:30,02:00)

4.4　多普勒雷达分析

限于常规探高资料较低的时间分辨率,一些重要的天气系统许多细节演变特征往往无法分析掌握,大大影响了的预报水平的提高。近年来,借助于多普勒雷达反演的高时间分辨率的风场,可对常规高空探测资料起到重要的补充作用。29 日 20:00 常规探高资料反映 700 hPa 无低空急流,但从雷达反演风场(图 4)可清楚地发现,22:00 出现了较强偏南低空急流,且一直维持到了 30 日 01:00,此急流为暴雨区带来了丰富的水汽和不稳定能量。同时在 22:00 形成了西南风与东南风的强暖式切变,位于宁夏中北部,风速均超过了 12 m/s,相应在强暖式切变辐合区出现了 40 mm/h 以上的大暴雨;02:00 风速变小,降水减弱;09:00 后风向转为偏北风,宁夏北部降水减弱结束。

径向速度场(图略)反映,22:00 以后在银川偏南方向有一条较明显的垂直风切变,上、下层分别为偏北风、偏南风,高度大致在 2 km(800 hPa),距离测站 20 km 左右,切变中心位于银川东南部的永宁附近,已有文献认为,这种切变环境使上升气流倾斜,降水质点能够脱离出上升气流,而不致因拖带作用减弱上升气流的浮力。同时,降落到下沉气流中的降水质点,因蒸发冷却和下沉拖带作用,会增强下沉冷空气出流,从而维持和激发了上升气流增强,因此这种形式的维持也是此次大暴雨形成的原因之一。

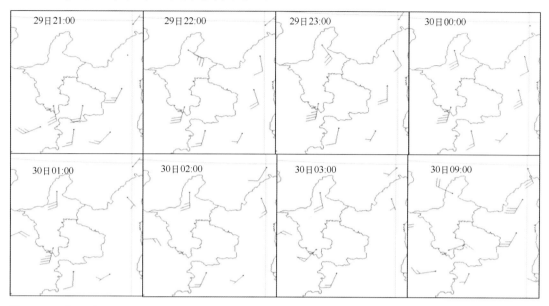

图4 2012年7月29日21:00—30日03:00雷达反演700 hPa逐时风场及30日09时雷达反演700 hPa风场

5 结论

(1)此次大暴雨具有明显的中尺度特征,且是由MβCS发展并较长时间维持少动造成的。MβCS最成熟阶段时,TBB强梯度区偏向冷云中心区与未来1~2 h暴雨落区有较好的对应关系;

(2)地面辐合线的较长时间的维持是造成本次大暴雨的重要原因之一;强降雨带与地面辐合线的走向较一致,且多发生在其略偏北一侧;

(3)深厚湿层的存在一方面对本次大暴雨的形成提供了充沛的水汽,另一方面凝结潜热释放增加了层结不稳定,对强降水的持续及强度有重要影响;

(4)暴雨发生时,湿对流有效位能(CAPE)有明显的增大,其对大暴雨发生时有较好的指示意义;

(5)多普勒雷达反演的风场可对常规高空探测资料起到重要的补充作用。

参考文献

丁永红,王文,陈晓光等. 2007. 宁夏近44年暴雨气候特征和变化规律分析. 高原气象,**26**(3):630-636.

胡文东,丁建军,刘建军等. 2004. 宁夏一次局部强降水中尺度时空特征合成分析. 宁夏工程技术,**3**(3): 225-230.

纪晓玲,冯建民,穆建华等. 2010. 宁夏北部一次短时暴雨中尺度对流系统的特征分析. 大气科学学报,**33**(6):711-718.

纪晓玲,桑建人,杨侃等. 2009. 贺兰山东麓暴雨环流统计预报模型. 干旱区资源与环境,**23**(8):104-109.

贾宏元,穆建华,孔维娜. 2005. 2004年宁夏一次区域性大到暴雨的诊断分析. 干旱气象,**23**(2):24-29.

张晰莹,王承伟. 2007. 高纬地区罕见的MCC卫星云图特征分析. 南京气象学院学报,**30**(3):390-395.

卫星水汽图像上两次暴雨过程的
干、湿特征对比分析[①]

蒋建莹[1]　　汪悦国[2]

(1. 国家卫星气象中心,北京 100081;2. 广东省茂名市气象局,茂名 525000)

摘　要:2010 年 7 月和 2011 年 6 月江南和华南地区出现的两次强降水过程,分别属于梅雨锋和季风槽暴雨过程。本文利用常规观测资料、NCAR/NCEP 再分析资料和卫星水汽图像对比分析了这两次暴雨过程。分析结果表明:这两次暴雨过程的发生既有相似点,又有不同之处。水汽图像显示这两次暴雨过程中都有一条水汽羽,暴雨云团均发生在水汽羽中,并与低层 850 hPa $\theta_{se} \geqslant 350$ K 的脊轴近于重合。江南暴雨过程中水汽羽的北部边界与 700 hPa 的上升运动带、200 hPa 的辐散带和负涡度带近于平行,强对流云团与上升运动中心大致吻合;而华南暴雨过程中并无明显此特征。位涡的分析表明在华南暴雨中暗区对应对流层高层的高位涡带,水汽羽对应低位涡带;而在江南暴雨中,高位涡带与暗区的对应没有华南暴雨明显。水汽图像上的干、湿特征的异同与环境场不同密切相关。

关键词:水汽图像;水汽羽;暗区;对比分析

1　引言

我们知道,虽然云的大多数特征在水汽图像上表现不出来,但水汽图像能有效地揭示出对流层中部的大尺度流型。作为大气运动的被动示踪物(巴德,1998),水汽图像上最重要的特征是干区、湿区及它们之间的边界。干区一般指的是图像上暗灰色到近黑色的区域,湿区一般指的是中等灰度到白亮色调的区域,"边界"经常被用来确定正在缓慢移动的天气系统中高层气流的方向。水汽图像上的干湿边界特征,包括连续时次干湿边界和暗区亮度的变化,对天气系统的发展与否有明显的指示意义(杨军,2012)。

郑新江等(1997;1998)对水汽图像(6.7 μm)进行了大量的研究。他们通过对梅雨期暴雨的水汽图像特征分析,认为暴雨云团发生在水汽图上干、湿区边界的湿区一侧。水汽羽是水汽图像上灰度白亮、形状完好的天气尺度水汽带的移动或涌。覃丹宇等(2004;2005)分析了梅雨锋暴雨过程中的水汽羽特征,认为梅雨期间的热带水汽羽是一条深厚暖湿输送带,在热带水汽羽内维持一条 $\theta_{se} \geqslant 350$ K 的脊轴,其走向和热带水汽羽平行。水汽羽与对流层上层的负涡度和正散度区域有很好的对应关系,水汽羽北部边界附近的暗带与一条强涡度梯度带相关,具有明显的斜压性。

水汽图像上的暗区是对流层上部的干空气向下伸到较低的地方。干侵入在水汽图像上表

---

①　本研究受国家自然科学基金项目(41105028)资助

现为中等到近黑色灰度的特定区域。因此,卫星水汽图像成为监测干侵入最为直观有效的工具,它有助于确定和跟踪能够导致系统发展的高空动力强迫(Patrick et al.,2008)。大量研究表明,干侵入活动对降水具有明显的影响。杨贵名等(2006)利用水汽图像上的暗区分析梅雨期一次黄淮气旋发展的干侵入特征,发现水汽图像上暗区的移动、发展变化与黄淮气旋的发展、加强和减弱的对应关系较好。吴迪等(2010)则针对一次典型东北冷涡暴雨过程利用水汽图像的暗区分析干侵入演变的特征,结果表明东北冷涡过程中卫星水汽图像上的干侵入暗区与对流层高层的下沉运动、高值位涡、高空急流以及干冷区相对应。

2010年7月8日至14日受梅雨锋云系影响,长江流域出现入汛以来最强降雨,其中7月12—13日降雨最强,暴雨和大暴雨主要出现在这一时段,许多测站日降雨量超过100 mm,部分测站的降雨量创其1961年以来日雨量极值。而2011年6月28日20时至29日20时,受东移高空槽和活跃南海季风槽的共同影响,广西中部和南部沿海、广东大部出现大到暴雨、部分地区大暴雨,其中广西防城港达90.5 mm、广东阳江356 mm、台山168 mm。这两次过程分别发生在长江中下游和华南地区,雨带分布类似,但前者是梅雨锋暴雨过程,后者是季风槽带来的强降水。由于影响系统的不同,暴雨的水汽图像特征也有所不同。

本文拟利用FY-2E水汽图像、常规观测资料和NCEP/ NCAR 1°×1°再分析资料,分析2010年7月和2011年6月这两次暴雨过程的对流层上部的环流形势、水汽图像上干、湿区特征的异同,充分发挥水汽图像在暴雨监测中的作用,以增强水汽图像上不同暴雨系统的分析和认识以及水汽图像在暴雨天气分析和预报中的应用。

2 对流层上部环流分析

研究表明,对流层上部的环流与暴雨、强对流等天气密切相关(王峰等,2001;侯青等,2006)。图1a是2010年7月12日13:30(北京时,以下如无特殊说明,皆为北京时)的水汽图像与云导风叠加图。由图可见:朝鲜半岛至西南地区东部为一梅雨锋云系,地面对应准静止锋;西太平洋副热带高压西伸至中南半岛,北界在华南北部,梅雨锋区正好位于副高北侧边缘。一方面,西南季风活跃,从孟加拉湾源源不断地输送水汽至梅雨锋区;另一方面,梅雨锋北方是一暗边界(弧状边界),表明北方有冷空气南下,梅雨锋锋区附近因为冷暖交汇激烈,对流活动活跃,强对流天气频发。

图1b中,2011年6月28日19:30南亚高压盘踞在西藏高原南部,脊线大致位于30°N以南。在西北地区中部、内蒙古西部至蒙古国中东部一带高空有急流发展。高空槽位于渤海到黄淮东部一线,槽前的强辐散区在卫星图上表现为比较均匀的大片湿区。另外,四川东部、西北地区东部、江汉、黄淮西部至华北是一明显暗区,说明中高层有冷空气南侵;而出现强对流云的江南、华南地区正好位于暗区的南侧,其上空有明显的辐散气流,有利于低层辐合,产生强烈的上升运动,造成强降水。

从对流层上部的环流形势分析来看,这两次暴雨过程都是在有利的大尺度背景条件下产生的。

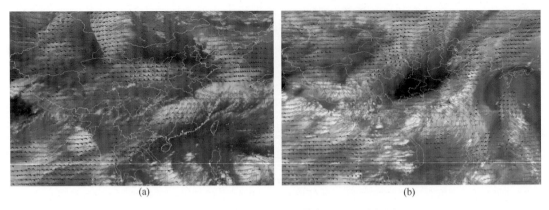

图 1　FY-2E 气象卫星水汽图像与云导风叠加图

(a)2010 年 7 月 12 日 13:30;(b) 2011 年 6 月 28 日 19:30

3　水汽图像上干、湿特征对比分析

3.1　湿区的特征

通常 θ_{se} 的密集带代表能量锋区,而 θ_{se} 的垂直分布可表示大气的位势不稳定度,因此分析低空 θ_{se} 脊轴可以大致找到大气最有可能出现明显不稳定的区域,分析它和水汽羽的关系也可以确定有利于中尺度对流系统(MCS)形成和发展的环境条件(覃丹宇等,2005;Thiao et al.,1993;Scofield et al.,1996;Scofield et al.,2000)。

2010 年 7 月 12 日 08 时和 2011 年 6 月 28 日 20 时 850 hPa 假相当位温(θ_{se})与对应时次水汽图像的叠加如图 2 所示。图 2a 中:θ_{se} 的密集带位于 30°～34°N 附近的长江中下游区域,这也是对流层低层梅雨锋所在的位置(Jiang et al.,2004),说明此时北方干(冷)空气与南方湿(暖)空气正好在长江流域交汇。此个例中水汽羽的范围和形状基本和 850 hPa $\theta_{se} \geqslant 350$ K 的高值带的范围和形状一致,且水汽羽与 850 hPa $\theta_{se} \geqslant 350$ K 的脊轴近于重合,说明这条水汽羽是一条暖湿输送带(覃丹宇等,2005)。水汽羽的北部北界与 θ_{se} 密集带的强梯度带近于平行。

图 2b 中,水汽图像上较亮的湿区与 θ_{se} 高值区重合,与梅雨锋类似。此时水汽羽的范围和形状基本和 850 hPa $\theta_{se} \geqslant 350$ K 的高值带的范围和形状一致,且水汽羽与 850 hPa $\theta_{se} \geqslant 350$ K 的脊轴近于重合,说明这条水汽羽也是一条暖湿输送带(覃丹宇等,2005)。水汽羽的北部边界、暗区的南部边界与 θ_{se} 密集带的强梯度带近于平行。另外,我们还注意到在水汽羽内部 θ_{se} 比外部高 5～10 K,且北侧的 θ_{se} 梯度大于南侧,这可能与对流层中高层的干侵入有关。

暴雨的发生除了水汽和不稳定条件之外,还需要触发机制,700 hPa 的垂直速度与水汽图像的叠加表明:2010 年 7 月 12 日 08 时水汽羽范围内具有较明显的垂直上升运动,并且发展的中尺度对流云团与强上升运动中心有较好的对应关系。这些中尺度对流云团大多产生在梅雨锋云带内或偏南一侧,与暴雨中心相对应(图 3a);而 2011 年 6 月 28 日 20 时 700 hPa 垂直速度和同时次的水汽图像叠加图(图 3b)却显示在华南暴雨中,中尺度对流云团与 700 hPa 强上升运动中心的对应没有梅雨锋暴雨中对应得好。

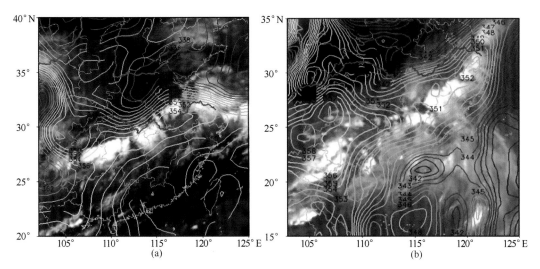

图 2　水汽图像与 850 hPa 假相当位温(K)叠加图
(a)2010 年 7 月 12 日 8:00；(b) 2011 年 6 月 28 日 20:00

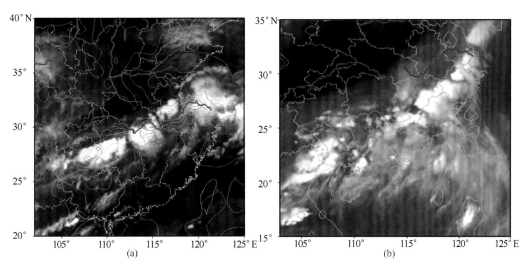

图 3　水汽图像与 700 hPa 垂直速度(hPa·s⁻¹)叠加图
(a)2010 年 7 月 12 日 08 时；(b) 2011 年 6 月 28 日 20:00

　　图 4 和图 5 分别是 200 hPa 散度和涡度与对应时次水汽图像的叠加图。图 4a 显示：2010年 7 月 12 日 08 时水汽羽的北部边界与对流层上层的辐散带近于平行，而 2011 年 6 月 28 日20 时(图 4b)除了在广西北部出现一个大的辐散中心外，水汽羽上的散度呈正负相间分布，与梅雨锋暴雨过程有所不同。

　　图 5a 则揭示出：2010 年 7 月 12 日 08 时水汽羽的北部边界与对流层上层的负涡度带近于平行，而 2011 年 6 月 28 日 20 时(图 5b)水汽羽上的涡度呈正负相间分布，更显著的特征是在水汽羽的北侧边界、即暗区的位置，出现了很强的正涡度带，在梅雨锋暴雨过程中并无此特征。

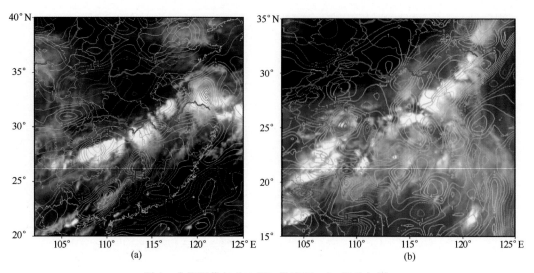

图 4 水汽图像与 200 hPa 散度(10^{-5} s^{-1})叠加图

(a)2010 年 7 月 12 日 08 时；(b) 2011 年 6 月 28 日 20:00

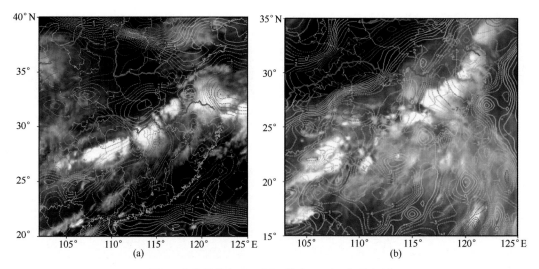

图 5 水汽图像与 200 hPa 涡度(10^{-5} s^{-1})叠加图

(a)2010 年 7 月 12 日 08 时；(b) 2011 年 6 月 28 日 20:00

3.2 干区的特征

干侵入被定义为源于对流层高层下沉至低层的高位涡低湿空气，它在气旋爆发性发展、暴雨增幅、位势不稳定增强、中气旋的发生发展等方面起重要的促进作用，有利于龙卷、飑线的形成发展(于玉斌等,2003)。干侵入的机制实际上就是高位涡的侵入和下传，因此我们可以利用位涡的分布来研究水汽图像上暗区的特征。

图 6 是 2010 年 7 月 12 日 08 时和 2011 年 6 月 28 日 20 时 300 hPa 位涡与同时次的水汽图像叠加图。图 6a 显示，在梅雨锋暴雨期间，高位涡区($PV>$1PVU)位于华北、黄淮等地。而华南暴雨期间(图 6b)，在水汽羽的北侧出现高位涡带，在其南侧呈现为宽广的低位涡带。

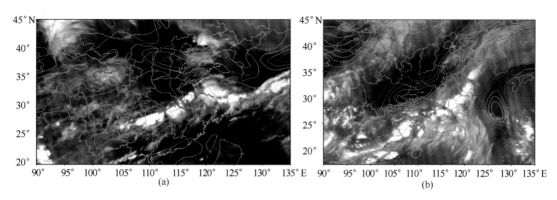

图 6 水汽图像与 300 hPa 位涡(PVU,1PVU$=10^{-6}$m^2·K·s^{-1}·kg^{-1})叠加图

(a)2010 年 7 月 12 日 08 时;(b) 2011 年 6 月 28 日 20;00

通过以上分析可知,在梅雨锋暴雨和季风槽暴雨中,水汽羽都是一条暖湿输送带,水汽羽的范围和形状都和 850 hPa $\theta_{se}\geqslant350$ K 的高值带的范围和形状基本一致,且水汽羽与 850 hPa $\theta_{se}\geqslant350$ K 的脊轴近于重合(覃丹宇等,2005);水汽羽的北部边界、暗区的南部边界与 θ_{se} 密集带的强梯度带近于平行。

梅雨锋暴雨中,水汽羽范围内具有较明显的垂直上升运动,并且发展的中尺度对流云团与强上升运动中心有较好的对应关系,水汽羽的北部边界与对流层上层的辐散带和正涡度带近于平行。而华南暴雨中,中尺度对流云团与 700 hPa 强上升运动中心的对应没有梅雨锋暴雨中对应得好,且季风槽暴雨中水汽羽上的散度和涡度都呈正负相间分布,并在水汽羽的北侧边界、即暗区的位置,出现了很强的正涡度带,这在梅雨锋暴雨过程中并没有出现。

关于位涡的分析表明:在梅雨锋暴雨期间,高位涡区($PV>1$PVU)位于远距离的华北、黄淮等地;而华南暴雨期间,在水汽羽的北侧出现高位涡带,在其南侧为宽广的低位涡带。

4 小结和讨论

本文分析了发生在 2010 年 7 月和 2011 年 6 月的江南梅雨锋暴雨和华南季风槽暴雨过程,并对比了两者水汽图像上的干、湿特征。结果表明:这两次暴雨过程的水汽图像特征既有相似点,又有不同之处。

相同之处为:在梅雨锋暴雨和季风槽暴雨中,水汽羽都是一条暖湿输送带;且水汽羽的北部边界、暗区的南部边界与 θ_{se} 密集带的强梯度带近于平行。

不同之处:梅雨锋暴雨中,水汽羽的北部边界与 700 hPa 的上升运动带、200 hPa 的辐散带和负涡度带近于平行,强对流云团与上升运动中心大致吻合。而华南暴雨中,中尺度对流云团与 700 hPa 强上升运动中心的对应没有梅雨锋暴雨中对应得好,且季风槽暴雨中水汽羽上的散度和涡度都呈正负相间分布,并在水汽羽的北侧边界、即暗区的位置,出现了很强的正涡度带,这在梅雨锋暴雨过程中并没有出现。关于位涡的分析表明:在华南暴雨中暗区对应对流层高层的高位涡带,水汽羽对应低位涡带;在梅雨锋暴雨期间,高位涡区位于远距离的华北、黄淮等地。

水汽图像上干、湿特征的异同与环境场的不同密切相关。关于梅雨锋上水汽图像的特征已有一些研究(覃丹宇等,2005),但关于季风槽暴雨,这只是一个个例,我们还需要更多的个例来加以验证。

参考文献

巴德M J. 1998. 卫星与雷达图像在天气预报中的应用. 卢乃锰,冉茂农,谷松岩等译. 北京:科学出版社,12-82.

侯青,许健民. 2006. 卫星导风资料所揭示的对流层上部环流形势与我国夏季主要雨带之间的关系. 应用气象学报,**17**(2):138-144.

覃丹宇,江吉喜,方宗义. 2004. 2002年6月21—24日梅雨暴雨过程的水汽羽特征. 气象学报,**62**(3):329-337.

覃丹宇,江吉喜,方宗义. 2005. 2002年7月20—25日揭示的热带水汽羽和暴雨的关系. 气象学报,**63**(4):493-503.

王峰,许健民. 2001. 云迹风资料所揭示的对流层上部环流形势与1998年夏季我国南方雨带的关系//1998年长江嫩江流域特大暴雨的成因及预报应用研究. 北京:气象出版社,142-147.

吴迪,姚秀萍,寿绍文. 2010. 干侵入对一次东北冷涡过程的作用分析. 高原气象,**29**(5):1208-1217.

杨贵名,毛冬艳,姚秀萍. 2006. 梅雨期一次黄淮气旋发展的干侵入特征分析. 热带气象学报,**22**(2):176-183.

杨军. 2012. 气象卫星及其应用(下). 北京:气象出版社,525-540.

于玉斌,姚秀萍. 2003. 干侵入的研究及其应用进展,气象学报,**61**(6):769-778.

郑新江,李玉兰,杜长萱. 1998. 1995年6月梅雨期暴雨的水汽图像分析. 应用气象学报,**9**(2):246-250.

郑新江,卢乃锰,罗敬宁等. 1997. "96.8.8"福建成灾暴雨水汽图像特征分析. 海洋预报,**14**(4):51-58.

Jiang Jianying, Ni Yunqi. 2004. Diagnostic study for structure characteristics of a typical Meiyu front system and its maintenance mechanism, *Advances in Atmospheric Sciences*. **21**(5):802-813.

Patrick S,Christo G G. 方翔等译. 2008. 卫星水汽图像和位势涡度场在天气分析和预报中的应用.北京:科学出版社,23-35.

Scofield R A, Rao Achutuni. 1996. The satellite forecasting funnel approach for predicting flash floods. *Remote Sens. Rev.*, **14**:251-282.

Scofield R,Vincente G, Hodges M. 2000. The use of water vapor for detecting environments that lead to convectively produced heavy precipitation and flash floods. NOAA Technical Report NESDIS 99, 1-64.

Thiao W,Scofield R A,Robinson. 1993. The relationship between water vapor plumes and extreme rainfall events during the summer season. NOAA Technical Report 67,Washington DC,69pp.

卫星资料在一次季风槽暴雨中的应用[①]

汪悦国[1]　蒋建莹[2]　黄小丹[3]

(1. 广东省茂名市气象局,茂名 525000;2. 国家卫星气象中心,北京 100081;
3. 广东省阳江市气象局,阳江 529500)

摘　要:本文对 2011 年夏季华南一次季风槽中的大暴雨过程进行了诊断分析。结果表明,这次暴雨过程发生在有利的大尺度背景条件下;大暴雨和特大暴雨发生在中尺度对流云团 TBB 梯度(TBB 等值线的密集区)最大的区域到云团中心 TBB 的最低区。暴雨云团都发生在水汽羽中,水汽羽是一条暖湿输送带,水汽羽的范围和形状基本和 850 hPa $\theta_{se} \geqslant 350$ K 的高值带的范围和形状一致,且水汽羽与 850 hPa $\theta_{se} \geqslant 350$ K 的脊轴近于重合。水汽羽的北部边界、暗区的南部边界与 θ_{se} 密集带的强梯度带近于平行。水汽羽的北侧出现高位涡带,而在其南侧呈现为宽广的低位涡带。

关键词:卫星资料;季风暴雨;诊断分析;水汽羽

1　引言

　　我国地处东亚季风区,夏季受东亚季风的影响明显。就南海地区而言,夏季的西南季风和西太平洋副热带高压西南侧的偏东风都相当活跃,这两支气流在南海汇合构成的季风辐合带,就是南海夏季风槽。南海夏季风槽是南海夏季风系统中引起降水的重要系统,它具有热带辐合带的鲜明特点:即强辐合、强对流(李崇银等,2007)。季风槽不仅对初夏南海和华南地区的天气有重大影响(王荫桐等,1985),也是华南后汛期(7—9 月)除了热带气旋之外的主要降水系统。黄忠等(2005)对广东后汛期季风槽暴雨期间的环流形势和天气系统进行了统计分析,杨辉等(2011)对 2007 年 8 月第三候引发华南大暴雨的南海季风槽的特征及原因进行了分析研究。关于南海季风槽的年际变化(李崇银等,2007)、季风槽的结构和演变特征(潘静等,2006)、季风槽中热带气旋的活动特征(高建芸等,2008)和降水增幅(卢生等,2008)等都进行了不少研究。

　　2011 年 6 月 22—30 日,华南受持续季风低槽影响出现了连续降水过程。此次过程的主要成因是:1104 号热带气旋"海马"在广东省阳西县和电白县交界处登陆后,在南海北部至华南沿海形成的东西向的热带辐合带随着 1105 号热带气旋"米雷"的北移而北抬,从而影响华南沿海。其中,6 月 28 至 30 日,受东移高空槽和活跃南海季风槽的共同影响,江南、粤东和华南沿海出现暴雨到大暴雨,局部特大暴雨。尤其是 2011 年 6 月 28 日 20 时至 29 日 20 时,广西中部和南部沿海、广东大部出现大到暴雨、部分地区大暴雨,其中广西防城港达 90.5 mm、广东阳江 356 mm、台山 168 mm。这次暴雨过程的主要特点是影响范围广、降

———————————
①　本研究受国家自然科学基金项目(41105028)资助。
通信作者:汪悦国,(0668)2280998,E-mail:wygbgs@126.com

雨时段集中、雨量分布不均,多短时强降水,并伴有强雷暴天气。据广东省三防部门统计,截至 30 日上午 10 时,此次降雨造成广东省部分村庄群众、农作物受浸严重,直接经济损失约 1.3 亿元。

为什么会在如此短的时间内造成强度如此大的暴雨?造成大暴雨的中尺度对流系统的演变特征如何?卫星资料如何应用?这些问题都值得进一步思考。

本文试图利用 2011 年 6 月 28—29 日 NCEP 的 1°×1°间隔为 6 h 的客观分析资料和对应时段的常规观测资料、卫星资料,对在此期间发生在华南地区季风槽中的一次 MCC 造成的暴雨过程进行分析,了解其发生的大尺度背景和天气学条件,揭示季风槽中 MCC 的演变过程,以加深对季风槽中 MCC 的了解,为进一步研究其形成和发展机理奠定基础。

2　引发暴雨过程的大尺度背景条件分析

首先,这次暴雨过程发生在有利的大尺度背景条件下(方宗义,1986)。分析 2011 年 6 月 28 日 20 时(北京时,下同)天气形势可以看到(图略,这里仅以一个时刻为例):在 850 hPa 天气图上,华南位于暖湿气流(西南风)和干燥气流(偏东风)相交汇的切变线下。南海夏季风低压中心位于广西西部,华南南部受西南风控制,在粤西沿海地区有风速辐合,且风速逐渐加大,并于 29 日 08 时在阳江以东至福建沿海形成西南风急流,达到 14 m/s 以上。

而在 500 hPa 高空图上,季风槽位于云南和广西交界处,西北太平洋为副热带高压控制,其脊线逐渐西伸。另外,中纬度地区多短波槽活动,造成小股冷空气不断东移南侵,其与经由中南半岛和南海向华南地区输送的暖湿气流在华南地区相碰撞,造成上述地区的强降水。

在 200 hPa 天气图上,南亚高压盘踞在西藏高原南部,脊线大致位于 30°N 以南。出现强降水的华南地区正好位于南亚高压东南侧的辐散气流中,有利于低层辐合,产生强烈的上升运动,造成强降水。

上述结果表明大尺度背景场有利于华南地区强降水的发生。

3　季风槽对华南暴雨的增幅作用

此次暴雨过程,季风槽稳定维持在广西西部,季风槽是对流层低层的辐合区,槽前伴有西南低空急流,有利于向广西东部和广东输送充沛的水汽。28 日 08 时—29 日 20 时广西东部和广东南部出现强烈的水汽辐合。2011 年 6 月 29 日 02 时整层水汽通量散度和 850 hPa 的水汽通量(图 1)显示:来自孟加拉湾和南海的两支水汽交汇于华南南部,季风槽及其前沿的季风涌不仅为本次降水过程提供了充沛的水汽(对应一条很强的水汽辐合带);而且与季风涌相关的暖平流沿对流层低层进入华南,而同时,对流层中层的冷空气(详见 4.2 节)进入华南,并叠置于暖空气之上,为暴雨的发生提供了很不稳定的环境条件。因此,这场大暴雨过程不仅具备有利的水汽和热力条件,并且层结不稳定,一旦有触发机制,暴雨就会发生。

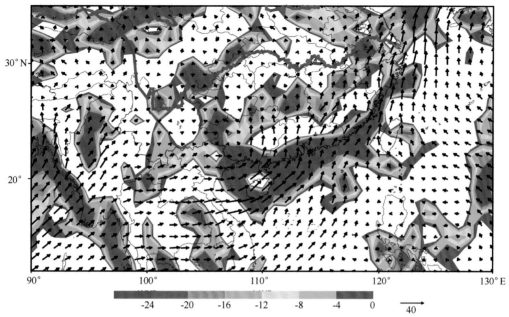

图1 2011 年 6 月 29 日 02 时整层水汽通量散度($10^{-5}\,s^{-1}$)(填色)和 850 hPa 的水汽通量
(单位：$g \cdot s^{-1} \cdot cm^{-1} \cdot hPa^{-1}$)

4 卫星资料在这次暴雨过程的应用

4.1 TBB 资料的应用

这次区域性暴雨是季风槽中产生的中尺度对流云团逐渐发展成中尺度对流复合体（MCC），然后在原地减弱消失造成的。

利用我国 FY-2E 红外通道 1 h 间隔的 TBB 资料可以跟踪季风槽中 MCC 的发生、发展和演变过程。一般来说，TBB＜−32℃的区域表示对流活跃区，而 TBB＜−52℃ 表示对流非常旺盛，已经出现上冲云顶。

图 2 给出了 2011 年 6 月 29 日 00：00—29 日 09：00 TBB 分布情况。从 TBB 和时雨量的演变过程可以看出：在 6 月 29 日 00 时（图 2a）广东沿海出现两个小的对流单体，随后发展靠近，到 6 月 29 日 04 时（图 2b）这两个对流单体在广东西南部合并成一个大单体，该单体发展迅速且移动缓慢。至 29 日 05 时（图 2c），其低于−52℃的面积为 54825 km^2，低于−32℃的面积达 108232 km^2，形状接近圆形，偏心率＞0.9，此时其面积和形状都达到了 Maddox 定义的 MCC 的标准，而低于−72℃的冷中心位于阳江市和江门市内，最低亮温＜−85℃。从云图上 TBB 的等值线可以看出，其西部等值线比较密集，边缘整齐；而东部边缘等值线稀疏，比较疏散。云体的发展和扩大都发生在 TBB 等值线密集处。到了 29 日 06 时（图 2d），云团南侧有明显的对流单体合并到该 MCC，云体范围进一步扩大，低于−52℃的面积达 69418 km^2，低于−32℃的面积增长为 134175 km^2。与此同时，广西南部有另一个对流云团也发展起来。到 29 日 08 时（图 2e），这两个对流云团开始合并在一起。29 日 09 时（图 2f），广东境内的 MCC 继续向西发展，云团西部边缘的 TBB 等值线最密集，而其东侧非常稀疏，此时 MCC 整体近似圆形，云体处于发展鼎盛阶段。云团低于−32℃的面积达 244783 km^2，低于−52℃的面积扩大

为 162449 km²，－70℃的冷中心面积为 50974 km²，偏心率为 0.86。随后，到 29 日 12 时（图略），广东境内的 MCC 开始原地减弱，MCC 云体周围的辐射亮温梯度开始减少，强中心仍位于阳江市的东南部。

以上分析表明，大暴雨和特大暴雨发生在中尺度对流云团 TBB 梯度（TBB 等值线的密集区）最大的区域到云团中心 TBB 的最低区。云团东半部虽然 TBB 也很低，但梯度很小，只出现了中到大雨，小于西半部。

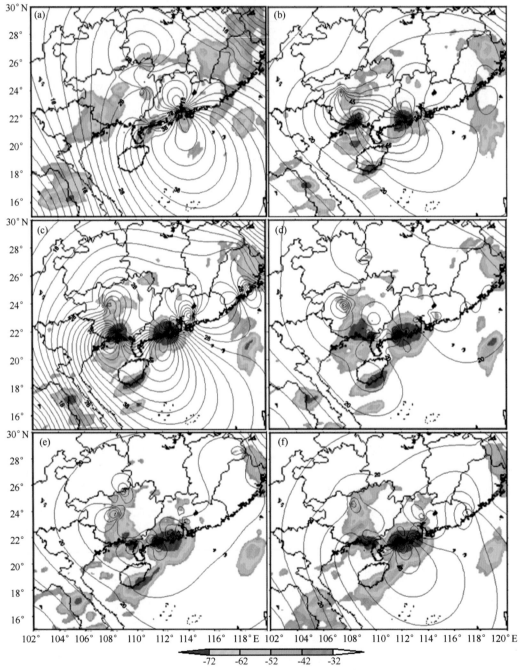

图 2　2011 年 6 月 29 日 00:00—09:00（北京时）FY-2E 气象卫星 TBB 图像（填色）和时雨量（等值线，mm/h）

(a.00 时；b.04 时；c.05 时；d.06 时；e.08 时；f.09 时)

4.2 这次暴雨过程中水汽羽和暗区的特征

水汽图像不仅可以反映对流层中上层的水汽分布(许健民等,1997),而且水汽图像上的明暗特征还和大气的动力特征紧密相连(Patrick et al.,2008)。水汽图像上,亮的灰度区是低层水汽向上伸到较高的地方,暗区则是对流层上部的干空气向下伸到较低的地方。覃丹宇等(2004;2005)分析了梅雨锋暴雨过程中的水汽羽特征,认为梅雨期间的热带水汽羽是一条深厚暖湿输送带,水汽羽与对流层上层的负涡度和正散度区域有很好的对应关系,水汽羽的北部边界附近的暗带与一条强涡度梯度带相关,具有明显的斜压性。那么季风槽中的水汽羽和暗区的特征又是如何的? 这是我们这节要讨论的问题。

图 3 是 6 月 28 日 20 时 850 hPa 假相当位温 θ_{se} 与对应时次水汽图像的叠加图,由图可见:暴雨云团都发生在水汽羽中,水汽图像上较亮的湿区与 θ_{se} 高值区重合,此时水汽羽的范围和形状基本和 850 hPa $\theta_{se} \geqslant 350$ K 的高值带的范围和形状一致,且水汽羽与 850 hPa $\theta_{se} \geqslant 350$ K 的脊轴近于重合,说明这条水汽羽是一条暖湿输送带(覃丹宇等,2004)。水汽羽的北部边界、暗区的南部边界与 θ_{se} 密集带的强梯度带近于平行。另外,我们还注意到在水汽羽内部 θ_{se} 比外部高 5~10 K,且北侧的 θ_{se} 梯度大于南侧,这可能与对流层中高层的干侵入有关。

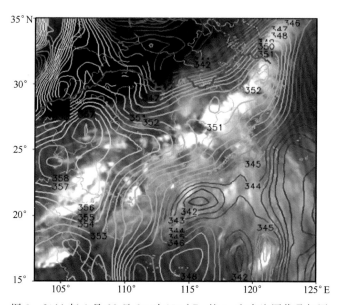

图 3   2011 年 6 月 28 日 20 时 850 hPa 的 θ_{se} 和水汽图像叠加图

适当的冷空气条件是一个地区有降雨且降雨量较大的必要条件之一。丁一汇(1993),陆尔等(1994)曾利用位涡场来分析冷空气活动,因为冷空气一般对应高位涡空气。图 4 是 6 月 28 日 20 时 400 hPa 位涡与同时次的水汽图像叠加图。由于水汽图像上显示不出低云,因此它能有效地揭示出对流层中部的大尺度流型。由图可见,干侵入在水汽图像上的表现为深灰暗区。水汽羽的北侧出现高位涡带,而在其南侧呈现为宽广的低位涡带。30°N 附近的高位涡空气是中高纬地区的高位涡冷空气向南输送的结果,而 20°N 以南的低位涡空气则是低纬的暖空气向北平流造成的。这说明此次大暴雨一方面有强冷空气从中高纬持续南下入侵江南华南,同时低纬也有暖空气北上,形成明显的冷暖空气的经向交换。这种有利的冷暖空气形势,成为这次降水过程前期大暴雨形成的动力条件之一。

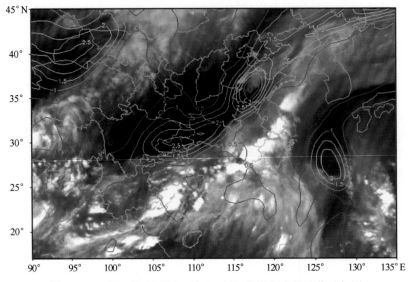

图 4　2011 年 6 月 28 日 20 时 400 hPa 位涡与水汽图像叠加图

　　卫星资料的分析表明:大暴雨和特大暴雨发生在中尺度对流云团 TBB 梯度(TBB 等值线的密集区)最大的区域到云团中心 TBB 的最低区。云团东半部虽然 TBB 也很低,但梯度很小,只出现了中到大雨,小于西半部。暴雨云团都发生在水汽羽中,水汽羽是一条暖湿输送带,水汽羽的范围和形状基本和 850 hPa $\theta_{se} \geqslant 350$ K 的高值带的范围和形状一致,且水汽羽与 850 hPa $\theta_{se} \geqslant 350$ K 的脊轴近于重合。水汽羽的北部边界、暗区的南部边界与 θ_{se} 密集带的强梯度带近于平行。水汽羽的北侧出现高位涡带,而在其南侧呈现为宽广的低位涡带。

5　结论

　　通过对 2011 年 6 月 28 日至 29 日一次季风槽中 MCC 暴雨过程的分析发现:这次暴雨过程发生在有利的大尺度背景条件下;大暴雨和特大暴雨发生在中尺度对流云团 TBB 梯度(TBB 等值线的密集区)最大的区域到云团中心 TBB 的最低区。云团东半部的降水小于西半部。暴雨云团都发生在水汽羽中,水汽羽是一条暖湿输送带,水汽羽的范围和形状基本和 850 hPa $\theta_{se} \geqslant 350$ K 的高值带的范围和形状一致,且水汽羽与 850 hPa $\theta_{se} \geqslant 350$ K 的脊轴近于重合。水汽羽的北部边界、暗区的南部边界与 θ_{se} 密集带的强梯度带近于平行。水汽羽的北侧出现高位涡带,而在其南侧呈现为宽广的低位涡带。

参考文献

丁一汇. 1993. 1991 年江淮流域持续性特大暴雨研究. 北京:气象出版社,255pp.

方宗义. 1986. 夏季长江流域中尺度云团的研究. 大气科学进展,**2**(3):334-340.

高建芸,张秀芝,江志红等. 2008. 西北太平洋季风槽异常与热带气旋活动. 海洋学报,**30**(3): 35-47.

黄忠,张东,林良勋. 2005. 广东后汛期季风槽暴雨天气形势特征分析,气象,**31**(9):19-23.

李崇银,潘静. 2007. 南海夏季风槽的年际变化和影响研究. 大气科学,**31**(6):1049-1058.

卢生,吴乃庚,薛登智. 2008. 南海季风槽影响下热带气旋暴雨增幅的研究. 气象,**34**(6):53-59.

陆尔,丁一汇,李月洪. 1994. 1991 年特大暴雨的位涡分析与冷空气活动. 应用气象学报,**5**(3):266-274.

潘静,李崇银. 2006. 夏季南海季风槽与印度季风槽的气候特征之比较. 大气科学,**30**(3):377-390.

覃丹宇,江吉喜,方宗义. 2005. 2002 年 7 月 20—25 日揭示的热带水汽羽和暴雨的关系. 气象学报,**63**(4):
　　493-503.

覃丹宇,江吉喜,方宗义. 2004. 2002 年 6 月 21—24 日梅雨暴雨过程的水汽羽特征. 气象学报,**62**(3):
　　329-337.

王荫桐,彭洪. 1985. 初夏季风低槽活动与华南降水. 热带气象,**4**:340-349.

许健民,郑新江,徐欢等. 1997. GMS-5 水汽图像揭示的青藏高原地区对流层上部水汽分布特征. 应用气象
　　学报,**7**(2):246-251.

杨辉,李崇银,潘静. 2011. 一次引发华南大暴雨的南海季风槽异常特征及其原因分析. 气候与环境研究,
　　16(1):1-14.

Patrick S,Christo GG. 2008. 卫星水汽图像和位势涡度场在天气分析和预报中的应用. 方翔等译. 北京:科
　　学出版社,23-35.

一种引发长江中游区域性暴雨的云系特征分析

韦惠红[1]　　徐丽娅[2]

(1. 武汉中心气象台,武汉 430074;2. 气象干部学院湖北分院,武汉 430074)

摘　要:利用 FY-2 卫星云图资料、NCEP1°×1°再分析资料和常规观测资料,在研究发生暴雨的大尺度环流背景基础上,对其卫星云图结构形式、纹理等特征进行分析,提炼引发长江中游暴雨的典型云带特征,其中"厂"型云带由中低纬三条云系相互作用形成,是引发长江中游区域性暴雨的典型云型,在西南—东北向云系和东西向云系相交处是暴雨中心。"厂"形云带的强弱与江淮切变线、南支槽、川西低涡、高低空急流、黄淮高压等影响系统的强弱、相对位置有密切关系,江淮切变线北侧的高压发展是形成"厂"型云带的关键,南支槽东移和低层西南急流增强是导致"厂"型云带引发湖北省区域性暴雨的主要原因。

关键词:区域性暴雨;"厂"形云带;南支槽

1　引言

卫星云图是大气运动状况的直观表征,时间和空间分辨率较高,可以快速对大范围天气分布做出全面监测,能够监测到大、中、小尺度云团的演变,根据云图上云区的结构形式、范围、边界、色调、暗影和纹理等六个基本特征来识别和分析,是预报业务流程中重要分析内容,其中带状云系、涡旋云系、云线云团和逗点云系、斜压叶云系等云型特征,通过云和云系在卫星图像上的表现,可以推断大气中正在发生的热力和动力过程,以及云系所代表的天气系统所处的生命阶段,对天气分析和预报有重要的指示作用。

预报和科研人员在利用卫星云图资料在天气预报中的应用方面进行了深入研究,取得了大量成果。叶惠明等(1993)对 1991 年 6 月江淮持续暴雨的云系特征进行分析,得出了该地区梅雨期暴雨的三种中低纬云系相互作用的云型演变模型图。王登炎等(1997)对长江中游暴雨卫星云图模型进行了归纳,总结得到湖北省 12～24 h 暴雨过程的卫星云图模型,归纳出暴雨分级卫星云图模型。覃丹宇等(2004)对 MCC 和一般暴雨云团发生发展的物理条件差异进行个例分析指出,MCC 发生在较弱的斜压环境,对流层低层有明显的天气系统(如切变线、中尺度低涡),高层出现在反气旋环流里。方宗义等(2005)对卫星监测、分析和研究暴雨云团的内外若干研究结果和进展给予了简单综述。韦惠红等(2010)根据湖北省不同季节暴雨发生的天气形势和卫星云图上中尺度对流云团的演变特征,建立了湖北省 0～12 h 短时暴雨预报模型。许爱华等(2011)在分析强对流天气发生时天气尺度影响系统的基础上,提炼了引发江西强对流天气的中尺度对流云带典型云型特征。上述研究表明:利用气象卫星对暴雨等强天气过程进行观测,能够有效地监测和预报天气过程的形成、移动以及持续时间等信息。

本文根据 2007—2012 年湖北省出现的暴雨过程,在分析暴雨发生时大尺度环流背景基础上,对其卫星云图结构形式、纹理等演变特征,发现"厂"形云带由三种中低纬云系相互作用形成,是引发长江中游特大暴雨的典型云系,重点分析其形成和发展的环境条件、云图演变特征,为长江中游天气预报业务提供一定参考。

2 资料和统计

文中使用资料包括:2006—2012 年 FY 系列卫星云图资料、NCEP1°×1°再分析资料、地面和高空常规观测资料、全国一般站逐日降水资料。

统计了湖北省一般站逐日降水资料,在 2006—2012 年总共有 52 次自然区暴雨过程,即在湖北省 5 个自然区中,有一个自然区至少 3 个站 24 小时雨量≥50 mm,或者 2 个站≥100 mm。在 52 次区暴雨过程中,有 12 个过程受"厂"型云带影响,"厂"形云带即在卫星云图上表现为由东西向云带和西南—东北向云带相交形成类似于"厂"字。受"厂"形云带影响,其中在湖北省有 11 个例子出现了大暴雨过程,有 9 个过程出现了全省区域性暴雨过程(5 个自然区至少有两个区出现 3 个站 24 h 雨量≥50 mm,或者 2 个站≥100 mm,剩下 3 个区出现中到大雨过程)。"厂"形云带影响范围广,降水强度大,下文主要对"厂"形云带的环境流场和卫星云图演变特征等进行分析。

3 "厂"形云带中云系和系统演变

通过对长江中游 12 次"厂"形云带影响过程的云图和环流形势场做统计分析,我们发现,长江中游"厂"形云带与三种云系的活动有关,第一种是位于江淮地区稳定的锋面云系,呈东—西向或西南—东北向;第二种是从高原东部东移的盾状或逗点状云系,它标志着槽前正涡度平流发展和上升运动的加强,导致江淮流域锋面云系向后发展和西南急流云涌的加强发展。第三是西南急流云带,云带呈清楚带状,或者由云团单体组成,它的出现表明西南急流发展旺盛,这股暖湿气流的存在,是暴雨的水汽和不稳定能量的输送者,是形成"厂"形云带的关键。形成"厂"形云带的三种云系特征与叶惠明提出的导致 1991 年江淮梅雨期持续性暴雨的三种云系特征类似。

在"厂"形云带形成前 12 h,河套低槽东移到长江下游地区,江淮切变线东段已出海,西段位于江淮一带,相应的江淮流域处于弱低槽云系尾部。以下为"厂"形云带和环流系统大致演变过程:

(1)发展阶段:河套南部有短波槽东移与江淮低槽合并,槽后偏北风加大,在中高层偏北气流作用下,导致低层黄淮流域有高压环流发展,同时南支槽加深发展,导致低层西南急流和低涡增强发展,随着低层黄淮高压和西南急流发展,高压底部偏东风和西南风辐合在 32°N 形成东西向切变线。在卫星云图上,河套南部短波槽前盾状云系东移,江淮低槽云系向后发展,盾状云系与低槽云系合并发展形成"厂"形云带前期。

(2)成熟阶段:南支槽发展东移,引导低层川西低涡移出,在槽前西南风作用下,低涡前部西南急流增强,在低涡东侧急流区有局地对流云团发展,随着西南季风向东北方向推进,急流云系北上与东西向静止锋云系合并,形成"厂"形云带。江淮切变线北侧高压环流稳定维持,高压环流底部干冷空气和西南暖湿气流在江淮流域对峙。川西低涡沿着江淮静止锋东移,从低涡中心不断有中尺度云团发展,并沿着静止锋云带东传。

(3)消亡阶段:南支槽逐渐东移,低层低涡东移出省,"厂"形云带演变成西南—东北向带状云系,或者"厂"形云带东移出省,过程影响结束。

12 个"厂"形云带影响过程中,在江淮切变线西北侧中高纬地区都出现了高压环流,高压环流底部的偏东风和暖湿气流中的西南风在 32°N 附近对峙,形成东西向幅合线,东西向幅合线的稳定维持使得东西向锋面云带稳定维持,从上述分析认为切变线北侧的高压环流发展是形成"厂"形云带的关键。在全省出现区域性暴雨的 9 个过程中,都出现了南支槽、川西低涡东移和西南急流的发展,而没有出现全省区域性暴雨的过程中,南支槽无东移,西南风没有达到急流标准,导致"厂"形云带维持时间较短,降水偏弱。所以南支槽东移,引起低层西南急流增强是导致"厂"形云带引发湖北省特大暴雨的主要原因。

图 1 为典型"厂"形云带和环境场叠加图,最强降水出现在"厂"形云带头部,川西低涡沿着东西向切变线东移,从低涡中心不断有中尺度云团沿"一"形云带(即东西向切变线)东传,产生强降水。在江淮流域有东西向准静止露点锋区和能量锋区存在,强降水出现在露点锋区南侧,湿度和能量锋区的存在对强降水起触发作用。在卫星水汽云图可看出,露点锋区北侧即高压环流控制区为水汽低值区。

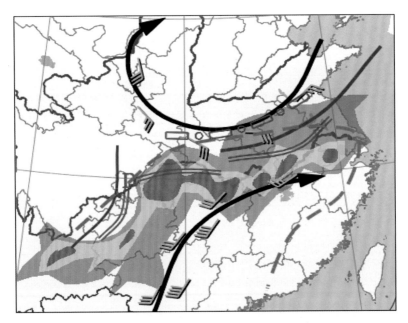

图 1　典型"厂"形云带和环境场叠加图

(棕色实线:500 hPa 槽线;红色曲线:低层切变线;绿色断线:高能区和高湿区;红色空心线:露点锋;黑色箭头:低层流线;阴影区:云带位置;风场为低层风场)

4　"厂"形云带实例分析

2009 年 6 月 29 日 00 时—30 日 08 时受"厂"形云带影响,湖北省 84 个气象站有 41 个气象站雨量≥50 mm,湖北省中南部地区大部出现了暴雨到大暴雨天气,大暴雨出现在鄂西南和鄂东北。鹤峰处于"厂"形云带头部,24 h 累积降水达到最大 313 mm。

4.1　卫星云图和形势场演变特征

发展阶段(29日00—04时):29日02时,东北低涡底部冷槽从山东半岛延伸至鄂东北,江淮流域700 hPa以下气层存在东西向冷切变线,在卫星云图上表现为弱的东西向云带,随着西南地区西南—东北向云带向北发展加强,04时,"厂"形云带基本形成。

成熟阶段(29日04—20时):29日08时,东北低涡冷槽东移,其槽后西北风和华南高压环流外围西南风在河南中部形成东西向横槽,江淮流域东西向冷切变线维持,同时贵州—重庆西部有南支槽发展,低层在重庆西部有低涡配合,在低涡前侧西南急流核达到18 m/s,受500 hPa南北支槽、江淮冷切变线和低涡、西南急流影响,"厂"形云带达到了成熟阶段。在32°N以南地区存在大范围高能区和高湿区,高能区和高湿区与"厂"形云带吻合的较好。04—16时,随着低涡东移,不断有中尺度云团沿着"一"形云带向东传播,东西向云带增强维持,从卫星云图可看出,东西向云带北边界清楚,后部有明显干区,这与江淮切变线后部的高压环流去相对应。16时后,随着南支槽东移,"厂"形云带东移,湖北省位于"厂"形云带后部西南—东北向云带上。

消亡阶段(29日20时以后):29日20时,500 hPa南支槽向东北方向移动,南支槽与北支槽出现叠加合并,逐渐东移出湖北省,"厂"云带影响也随之结束。

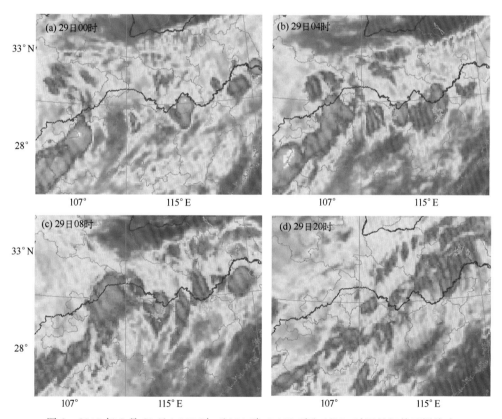

图2　2009年6月29日(a)00时,(b)04时,(c)08时和(d)20时卫星红外云图演变

4.2 水汽场和 θ_{se} 场特征

图 3 为 2009 年 6 月 28 日 20 时和 29 日 20 时 850 hPa 露点和 θ_{se} 分布图,用 850 hPa 露点和 θ_{se} 分布图代表低层的水汽分布和能量分布特征。从图中可看出,在 28 日 20 时,在"厂"形云带形成的初期,长江中下游有水汽高值区($T_d \geqslant 12 \,^\circ\text{C}$)和能量高值区($\theta_{se} \geqslant 340$ K)存在,到 29 日 20 时,水汽高值区和能量高值区维持,湿舌和能量舌从孟加拉湾向长江中下游伸展,说明在"厂"形云带影响期间有稳定的水汽条件和能量条件,"厂"形云带发生在 $T_d \geqslant 16 \,^\circ\text{C}$ 和 $\theta_{se} \geqslant 348$ K 区域内。在"厂"形云带北侧有稳定干区存在,即在湖北省北部露点锋和能量锋位置几乎不变,这与切变线北侧的高压环流和水汽云图的干区对应,北侧干区与南部的暖湿西南气流对峙,导致降水持续发生。

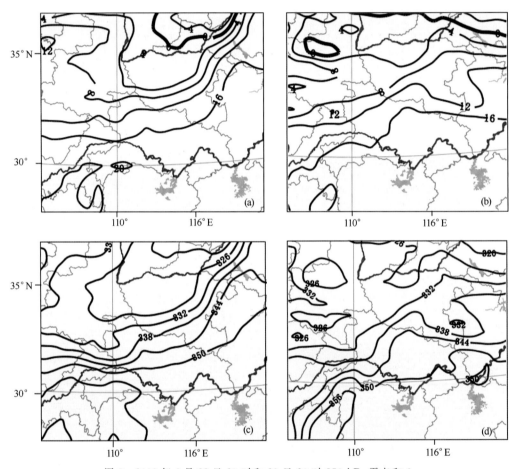

图 3　2009 年 6 月 28 日 20 时和 29 日 20 时 850 hPa 露点和 θ_{se}
(a. 28 日 20 时;b. 29 日 20 时和露点分布图;c. 28 日 20 时;d. 29 日 20 时)

5　结论

通过对上述的卫星云图、形势场等分析,我们可以得到以下几点结论:

(1)"厂"形云带是引发长江中游区域性暴雨的典型云系,在 2007—2012 年 12 个"厂"形云带影响过程中,总共有 9 个过程出现了全省区域性暴雨。

(2)长江中游"厂"形云带与三种云系的活动有关,第一种是位于江淮地区稳定的锋面云系,呈东—西向或西南—东北向;第二种是从高原东部东移的盾状或逗点状云系,它标志着槽前正涡度平流发展和上升运动的加强;第三是西南急流云带,云带呈清楚带状,或者由云团单体组成,它的出现表明西南急流发展旺盛,这股暖湿气流的存在,是暴雨的水汽和不稳定能量的输送者,是形成"厂"形云带的关键。

(3)"厂"形云带的强弱与江淮切变线、南支槽、川西低涡、高低空急流、黄淮高压等影响系统的强弱、相对位置有密切关系,江淮切变线北侧的高压发展是形成"厂"形云带的关键,南支槽东移和低层西南急流增强是导致"厂"形云带引发湖北省区域性暴雨的主要原因。

(4)"厂"形云带中东西向云系北侧有准静止露点锋区和能量锋区存在,强降水出现在露点锋区南侧,湿度和能量锋区的存在对强降水起触发作用。在卫星水汽云图可看出,露点锋区北侧即高压环流控制区为水汽低值区。

参考文献

方宗义,项续康,方翔等. 2005. 2003 年 7 月 3 日梅雨锋切变线上的 β 中尺度暴雨云团分析.应用气象学院,**16**(5):569-575.

覃丹宇,江吉喜,方宗义等. 2004. MCC 和一般暴雨云团发生发展的物理条件差异.应用气象学报,**15**(5):590-600.

王登炎,黄小吉,邓秋华.1997. 41977 长江中游暴雨卫星云图模型.湖北气象,(2):23-25.

王登炎,周小兰,马文炎. 2008. 湖北省特大暴雨形成的物理图像和机理. 暴雨灾害,**27**(4):295-300.

韦惠红,赵玉春,龙利民等. 2010. 湖北省卫星云图短时暴雨概念模型研究.暴雨灾害,**29**(1):14-19.

许爱华,马中元,叶小峰. 2011. 江西 8 种强对流天气形势与云型特征分析. 气象,**37**(10):1185-1195.

叶惠明,张凤英,冉茂农.1993. 1991 年 6 月江淮持续暴雨的云系特征分析.应用气象学报,**4**(3):293-300.

两次叶状云生消过程的
卫星图像特征与环流关系

李　云

（国家卫星气象中心，北京 100081）

摘　要：叶状云与西风带中的高空斜压区、锋生区或气旋生成有关，是卫星云图上最为常见的天气尺度云系之一。本文分别选取 2012 年 8 月 30—31 日和 9 月 5—6 日两次天气过程，利用常规观测资料、再分析资料和卫星资料，分析了这两次叶状云生消过程的卫星图像特征与环流关系。8 月 30—31 日叶状云的突然减弱消失与其移动到对流层下部的高压脊上空有关。而 9 月 5—6 日趋于消散的叶状云东移过程中突然发展与其移动到对流层下部的斜压锋区上空有关。因此，预报员在对叶状云的发展趋势进行分析预报或使用云图进行数值预报检验时，除了关注云系本身的图像特征外，还要特别关注与之配合的环流形势。

关键词：叶状云；斜压区；环流形势

1　引言

叶状云是预报人员在卫星云图上最常见的天气尺度云系之一，与西风带中的高空斜压区、锋生区或气旋生成有关。天气图上的大气三度空间结构与叶状云云形和强度有着密切的关系。叶状云的云型特征及云系强度变化，对于判断它所代表的西风槽系统及其变化潜势，有着重要的指示意义。

教科书给出的叶状云是典型情况下的云型特征，有助于我们了解天气系统形成发展的物理机制，而日常云图和预报中存在大量非常复杂的"中间情况"，这些非典型的叶状云是在特定的动力和热力条件中形成的，其发展演变也并不是严格按照教科书来进行的，正确认识这些非典型叶状云和生消变化，以及与其对应的不同天气形势配置，对预报员具有重要意义。

本文分别选取 2012 年 8 月 30—31 日叶状云突然减弱消失和 9 月 5—6 日叶状云突然发展两次天气过程，利用常规观测资料和 FY-2E 卫星资料和产品，初步分析叶状云生消的卫星图像特征与各层环流的对应关系（杨军等，2012）。以期对预报员在对叶状云发展趋势进行分析预报或使用云图进行数值预报检验时，提供一些思路。

2　2012 年 8 月 30—31 日叶状云减弱过程

2.1　对流层中层环流形势与卫星图像特征分析

2012 年 8 月 30—31 日，自西北地区东部有叶状云逐渐发展并东移，500 hPa 形势场和 FY-2E 气象卫星红外增强云图叠加显示，30 日 08 时（北京时间，下同）有一弱短波槽云系在青海东部活动,云系松散,云型轮廓并不清晰;20 时,云系东移至青海和甘肃交界一带,此时云系结构趋于密实,其后边界清晰光滑,开始呈现叶状云特征,伴随着云系加强,500 hPa 上的高空槽也出现了加深;31 日 08 时,云系移至华北西部,其冷侧边界出现明显的叶状云"S"型弯曲,存在曲率拐点,但同时,可以观察到 500 hPa 槽呈现汇合槽的特征,12 h 后,云系快速东移到内蒙古东部到东北西部一带,呈南北向分布,云带宽度变得仅为 12 h 前的 1/2,云系破碎,已无清晰的后边界,叶状云明显减弱(图 1)。

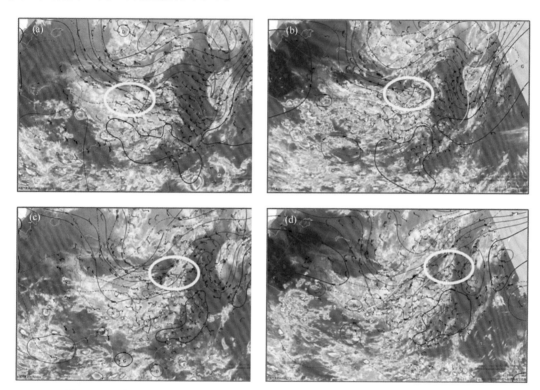

图 1   2012 年 8 月 30—31 日 500 hPa 形势场与 FY-2E 气象卫星红外增强云图叠加
(a)30 日 08:00;(b)30 日 20:00;(c)31 日 08:00;(d) 31 日 20:00

可见光图像上更为清晰地反映了 8 月 31 日云系由强减弱的全过程。07 时可见光图像显示,叶状云云系结构密实,叶状云冷侧边界(后边界)较光滑,穿越冷侧边界的气流分量较弱,由于早晨太阳高度角较低,还可以看到光滑后边界出现的"S"型弯曲的暗影,而暖侧边界则较模糊,可以看到有穿越暖侧边界流出叶状云的卷云羽,这都是一个较强叶状云所表现出的特征;10 时,云系主体变薄,可见内蒙、陕西、山西北部等地区上空出现散落分布的少云区甚至无云区,同时,叶状云后边界逐渐模糊消散;13 时,云系已无明显的后边界,整个云系多为较薄的卷云组成;至 16 时,原存在于华北西部的大范围叶状云区已转为散落分布的积状云组成,最后直至东移至东北地区上空完全消散(图 2)。

2.2 卫星导风资料揭示的对流层上部环流特征

8 月 30 日 19:30 水汽通道反演的卫星导风显示,在对流层上部,叶状云位于副热带急流以北地区,云系上存在有弱的辐散气流,云系还有进一步加强趋势;云系后部存在小尺度暗区,但应注意到,无明显垂直于云系后边界的大风。8 月 31 日 07:30 水汽通道反演的卫星导风显

图2　2012年8月31日FY-2E气象卫星可见光图像

(a)07:00；(b)10:00；(c)13:00；(d)16:00

示，云系加强，在正负曲率拐点的下(上)游，叶状云的冷侧边界有从湿区向干区凸出(凹陷)的曲率。从该时刻开始，云系上的弱辐散气流转为明显的辐合气流；叶状云后部的小尺度暗区的运动趋势仍是平行云系后边界——云系减弱的信号(图3)。

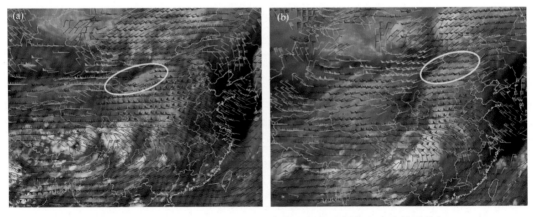

图3　2012年8月30—31日FY-2E气象卫星水汽图像和水汽导风叠加

(a)30日19:30；(b)31日07:30

2.3 对流层下部环流形势与卫星图像特征分析

8月31日08时850 hPa形势场和FY-2E气象卫星红外增强云图叠加显示,叶状云东侧为一南北走向的带状高压脊区,同时,可以看到叶状云下游虽存在偏南风气流的输送,但比湿均为2~5 g/kg,湿度条件相对较差。当叶状云继续向东移动至对流层下部的高压脊上空时,云系开始趋于消散(图4)。同时,850 hPa涡度场与同时刻红外云图对比反映出,位于内蒙古中部至陕西北部和山西北部的叶状云区对应着对流层下层的负涡度区(图略)。值得注意的是,几乎在对流层下部环流形势影响云系发展的同时,对流层上部也表现出了气流辐合的情况,无法与对流层中下层环流形成耦合抽吸的作用,无助于叶状云的进一步发展。

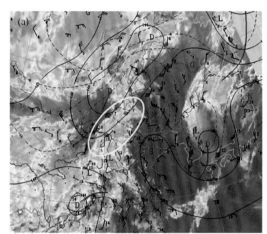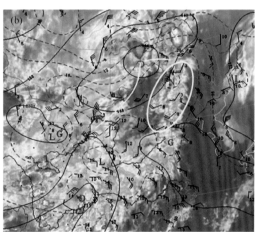

图4 2012年8月31日850 hPa形势场与FY-2E气象卫星红外增强云图叠加
(a)08:00;(b)20:00

3 2012年9月5—7日叶状云发展过程

3.1 对流层中层环流形势与卫星图像特征分析

2012年9月5—7日,自西北地区东部,有一条准东西向的云带在东移过程中发展成为气旋云系。500 hPa形势场和FY-2E气象卫星红外增强云图叠加显示,5日08时,位于内蒙古东部至华北地区高空槽后部的偏西气流中,存在一条平直的、并且云量较少的云带;连续的云图动画显示,到20时,该云带东段在东移的过程中逐渐减弱,云带西段主体云量并未有明显增加;6日08时,监测显示云带在移至华北中部时明显加强,云顶亮温下降,云系由准东西向型逐渐转向为东北—西南向,在云系的北侧和西侧都出现了较为光滑的边界,开始呈现叶状云特征,伴随着云系加强,500 hPa上的高空槽后的西风气流中出现了明显加深的短波系统;6日20时,叶状云"S"型弯曲的特征更为明显,云系转为陡直的准南北向,逐步进入由叶状云到气旋生的过程,到了7日,叶状云已经发展成为气旋云系(图5)。

下面选取几个时次的可见光图像,可以更清晰的展示出,云带从弱至强变化的过程。9月5日14时可见光图像显示,云带位于甘肃东部至华北南部一带,云系结构散乱,尤其是云带西段,甘肃、宁夏、陕西和山西上空的云量很少,并存在大片无云区。6日08时,可以看到,位于

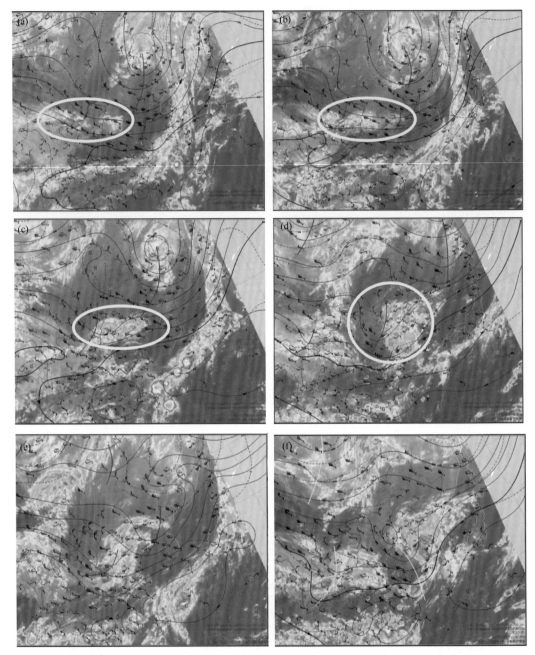

图5　2012年9月5—7日500 hPa形势场与FY-2E气象卫星红外增强云图叠加

(a)5日08:00；(b)5日20:00；(c)6日08:00；(d)6日20:00；(e)7日08:00；(f)7日20:00

陕西、山西、河北的准东西向云带有明显发展，这条云带正是由上个时刻云带较弱的西段发展起来的，云系结构密实，并且在陕西北部和山西北部还出现了对流性云，主导气流为平直的偏西气流时，叶状云呈现出了这种准东西向的非典型叶状云特征。随着，高空槽不断加深，槽后干冷气流加大，并侵入云区，槽前的叶状云云系向冷侧凸出的部分越来越明显，向冷侧凸起的中高云区南侧边界也向云区内部凹陷，S形边界的正负曲率更加明显，16时，在山西北部可见叶状云冷侧 S 形边界发展出的一个明显的尖点,叶状云正在向逗点云型转变(图 6)。

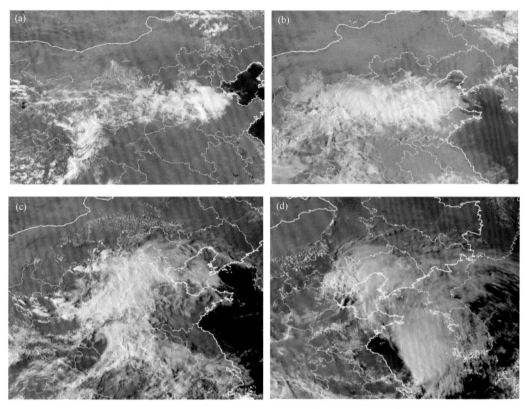

图 6　2012 年 9 月 5—7 日 FY-2E 气象卫星可见光图像
(a)5 日 14:00;(b)6 日 08:00;(c)6 日 16:00;(d)7 日 16:00

3.2　卫星导风资料揭示的对流层上部环流特征和卫星水汽图像分析

　　9 月 5 日 13:30 水汽通道反演的卫星导风显示,在对流层上部,叶状云云系上开始有较明显的辐散气流,蒙古国中部存在一个尺度较小的暗区,并逐渐南落,与暗区配合的是西北气流,运动方向与云系垂直。随后的几小时中暗区对应的偏北风进一步加强。9 月 6 日 07:30,云系上辐散气流显著加强,同时云系后部暗区向东南方向运动的分量进一步加大,干侵入的形势也逐渐出现,促使云系逐渐向逗点状的气旋云系发展(图 7)。卫星水汽图像叠加对流层上部位涡分析显示(方翔,2008),配合水汽图像暗区的发展,高纬度地区有位涡高值区向低纬度传播,这一特征有利于强迫对流层低层的正涡度增加(图 8)。

3.3　对流层下部环流形势与卫星图像特征分析

　　9 月 5 日 20 时 700 hPa 形势场和 FY-2E 气象卫星红外增强云图叠加显示,叶状云所在的对流层下部开始存在一低压槽区,同时刻 700 hPa 涡度场可以看出,云系所在区域对应着对流层下层的正涡度区,同时刻 FY-2E 红外云图和 850 hPa 温度平流(红线)、500 hPa 涡度平流(蓝线)叠加图上显示,云区所在位置 500 hPa 为正涡度平流,850 hPa 为较弱的冷平流,500 hPa 槽前正涡度平流输送是形成低层气旋性涡度发展的必要条件之一,正涡度平流使云区气旋性涡度增加,流场与气压场不适应,在地转偏向力作用下伴随水平辐散引起低层质量减

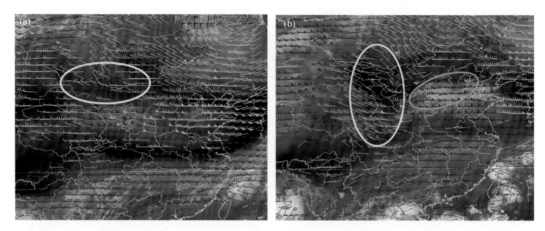

图 7　2012 年 9 月 5—6 日 FY-2E 气象卫星水汽图像和水汽导风叠加

(a)5 日 13：30；(b)6 日 07：30

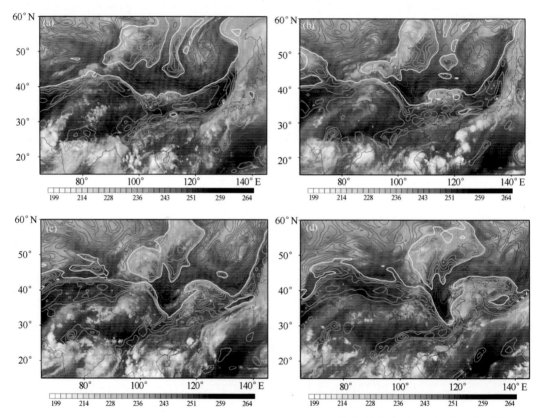

图 8　2012 年 9 月 5—7 日 FY-2E 气象卫星水汽图像与 250 hPa 位涡

(＞/＝/＜2PVU 为红/白/绿色等值线，单位：PVU)

(a)5 日 20：00；(b)6 日 08：00；(c)6 日 20：00；(d)7 日 08：00

少而降压，在气压梯度力的作用下而产生水平辐合，使低层气旋性涡度增加。到了 9 月 6 日 08 时，500 hPa 的正涡度平流进一步加强，而 850 hPa 也转为暖平流。同时，850 hPa 假相当位温的高值区密集带与水汽图像上叶状云水汽型较为一致，说明云系所在区域对应着对流层下层的不稳定能量区,云系上存在对流发展的条件,对流发生对云系主体的增强起到了促进作用(图略)。对流层中下部的这些特征使得叶状云进入逐渐发展的阶段。值得注意的是,几乎在对流层下部环流形势影响云系发展的同时,对流层上部也表现出了气流辐散、急流加强以及位涡南传的特征,与对流层中下层环流形成耦合抽吸的作用,有助于叶状云的进一步发展。

4　结论与思考

天气图和云图都只是观测手段的一个方面,它们都只看到大气某个方面。预报员对每一种观测工具的优势和局限,要有深刻的理解。从观测到的片面信息中,去推断大气的三度空间结构:它的状态和运动;去认识影响目前天气的系统:它们所处的生命阶段和未来趋势的先兆;在此基础上去展望未来。

本文仅是对日常业务中两次非典型叶状云生消过程的初步分析,对于对流层上部的特征可使用水汽图像和卫星导风资料进行分析,要关注水汽图像上的暗区以及暗区与云系的相对运动(配合位涡),卫星导风上区域辐合辐散特征,而对于对流层中下部,应关注云系下的正负涡度对云系发展、消亡的作用以及水汽条件的配合情况。当叶状云对应的对流层上部槽移动到对流层下部一个系统残留的斜压锋区或者气旋性环流上空时,高空正涡度平流与低空斜压区发生耦合,这种耦合激发了叶状云的发展,反之,如果在对流层下部是一个反气旋脊,则无明显耦合的情况,叶状云将趋于消散。本文中使用的资料、产品、物理量和平台系统都是预报员在实时业务中可以轻易接触到的,是想表明这种分析和诊断在实时业务中是完全可以实现的。

参考文献

方翔等. 2008. 卫星水汽图像和位势涡度场在天气分析和预报中的应用. 北京:科学出版社,23-140.
杨军等. 2012. 气象卫星及其应用. 北京:气象出版社,561-596.

星载 FY-3B/MWRI 资料反演台风降水结构的应用研究

杨何群　　俞　玮　尹　球

(上海市卫星遥感与测量应用中心,上海 201199)

摘　要: 根据 FY-3B/MWRI 通道特征,采用时空匹配的 Aqua/AMSR-E 降水反演产品为真实降水基准,区别于以往惯用的高频通道算法,设计全通道亮温间接对数组合降水反演方案,以西北太平洋 Muifa 台风(1109)为例,建立统计反演算式,进行台风降水结构反演并评估分析。经检验对比,MWRI 和 AMSR-E 的观测亮温和地面雨强具有较好的空间一致性,地面雨强相关性达 65.3%,均方根误差约 1.84 mm/h,其中二者的弱降水雨区非常吻合,强降水落区及中心位置也较为一致,体现出 MWRI 对降水系统空间不同等级雨量的估测能力。分级定量统计则表明全通道间接对数组合算式对 0.1~3 mm/h、>10 mm/h 降水反演精度相对更高,中强量级降水的估测能力稍差。将 MWRI 应用于 Muifa 台风降水时空演变监测,能准确探测 Muifa 中后期的"干台"特征,为降水预报及结论适时调整提供重要参考。上述研究表明,FY-3B/MWRI 可以有效监测台风降水。

关键词: FY-3B/MWRI;降水结构;反演;AMSR-E;台风

1　引言

台风暴雨是台风灾害的主要表现形式之一,而当台风降水稀少表现为"干台"特征时,预报服务则需相应调整。因此,准确地估计台风降水量及强度的水平分布,对台风的监测和预报尤为重要。由于降水在时间和空间上呈非正态的分布与变化,且洋面上探空及地基观测资料匮乏,卫星遥感对台风降水监测的优越性显而易见(刘元波等,2011)。相比可见光和红外通道的探测信息来自于降水云顶部而言,微波具有全天候可探测性,其能深入一定的云层、甚至到地表,并对水凝物敏感,可直接反映降水云的微物理特性,与降水的关系更为直接,反演估测降水的优势更为显著(闵爱荣等,2008)。

2008 年 5 月 27 日和 2010 年 11 月 5 日成功发射的风云三号 A 星(简称 FY-3A)与风云三号 B 星(简称 FY-3B),以红外和被动微波垂直探测技术为优先研发考虑,标识了我国许多重大关键技术的突破,卫星定量应用和服务也由此步入新时代(杨军等,2010;2011)。其上搭载的微波成像仪(MicroWave Radiation Imager,MWRI)是我国第一个星载微波遥感仪器(杨虎等,2011),它在多个特定频率上接收来自地表和近地面不同垂直层大气向上水平及垂直极化电磁辐射的加权总和(邹晓蕾,2012),实现对地表参数的微波成像探测,具有较高的图像质量和图像地理定位(吴琼等,2012;关敏等,2009),在轨运行性能稳定(乔木等,

2012）。然而截至目前,该数据在降水估计中的应用研究还很鲜见。本文在 MWRI 通道特征基础上,以全通道组合统计法初步构建 FY-3B/MWRI 降水反演算式,开展台风地面雨强反演试验,评估 FY-3B/MWRI 台风定量降水监测能力,并探讨分析台风降水结构规律。

2 资料

2.1 个例选取

本次试验选取生命史长达 12 天的 1109 号台风"梅花"(Muifa),风云三号 B 星较为完整地捕获了其不同发展阶段的观测资料。

"梅花"台风于 2011 年 7 月 28 日 14 时在菲律宾以东洋面生成,初生 24 h 内向西行进,随后副高减弱东退,在赤道反气旋及自身内力引导下调头北上,5 天内基本缓慢而稳定地偏北移动;8 月 2 日夜间始"梅花"西行分量加大,转为西北偏西方向挺进,逐渐靠近我国东部沿海,5 日又转向西北方向移动,7 日 06 时前后在距上海 280 km 的海面越过同纬地带,同时北移分量进一步加大,沿 124.4°E 近海快速北上,8 日傍晚在朝鲜西北部沿海登陆,之后进入我国东北地区变性为温带气旋。活动期间,"梅花"于 7 月 31 日和 8 月 3 日先后两次达到超强台风级别,罕见地两度出现同心双眼及眼壁置换。因其具有路径异常、移速不均、强度多变、风大雨少等特点,它被评为 2011 年国内十大天气气候事件之一。特别地,由于业务预报中对其中后期台风特征的估计不足(许映龙等,2011),发生了公众戏称"梅花"由"梅超风"变身"梅干菜"的事件。加强风云三号卫星降水估计产品的开发、分析与应用,无疑将有助于提高台风降雨预报的准确率。

2.2 资料

FY-3B/MWRI 与美国 Aqua 卫星搭载的 AMSR-E 在通道特性、过境轨道与时间等方面较为类似。MWRI 从低频至高频,共覆盖 $10.65 \sim 89$ GHz 频段内的五个频点,均含双极化信息,共计 10 个通道。它采用前向圆锥扫描,天线视角 45°,视场呈椭圆形,分升轨和降轨,分别约地方时中午 13 时和凌晨 01 时过境。其成像的每条扫描线采样点数为 254,扫描周期 1.7 s,幅宽度 1400 km,星下点空间分辨率 89 GHz 可达 10 km 左右,10.65 GHz 约为 85 km,具体通道特征见表 1。

表 1 MWRI 和 AMSR-E 各通道特征

仪器	参数	中心频率(GHz)					
		6.925	10.65	18.7	23.8	36.5	89
MWRI	分辨率(km×km)	—	85×51	50×30	45×27	30×18	15×9
	极化方式	—	H,V	H,V	H,V	H,V	H,V
	带宽(MHz)	—	180	200	400	900	4600
AMSR-E	分辨率(km×km)	76×44	49×28	28×16	31×18	14×8	6×4
	极化方式	H,V	H,V	H,V	H,V	H,V	H,V
	带宽(MHz)	350	100	200	400	1000	3000

AMSR-E扫描宽度为 1445 km,扫描角为 47.5°,频率覆盖范围为 6.925～89 GHz,除 6.925 GHz 外,后 5 个频点及极化方式与 MWRI 一致,但带宽不同。此外,AMSR-E 的空间分辨率稍高,约为 MWRI 的 4 倍(见表 1)。自 2002 年 5 月发射以来,AMSR-E 每日生成覆盖范围介于 70°S—70°N 之间的 L2B 业务降水产品,空间分辨率约 5.4 km。该降水产品是基于 AMSR-E L2A 亮温数据和 GPROF 算法的反演结果(AMSR－E/Aqua L2B Global Swath Rain Tate/Type GSFC Profiling Algorithm),已获多方验证,结果较为真实可信。因此,本文选用 AMSR-E 降水估计产品辅助进行 FY-3B/MWRI 降水反演试验。选择两者过境有较大重叠且前后时间误差控制在 30 min 内的数据。经梳理,共计 9 个时次可入作试验数据,涉及台风的不同发展强度。

3　反演算法

3.1　原理

微波在大气中的衰减是散射和吸收共同作用的结果,有降雨时,反映降雨云高层冰晶粒子散射信息的高频亮温随着雨强增大出现降低趋势,尤其对热带强对流降水有较好监测能力(吕艳彬等,2001),而反映降雨发射信号的微波低频亮温则随着降雨强度的增加而增加,达到饱和后又随降雨增加呈降低趋势。因此,传统一般采用微波 89 GHz 左右的亮温变化来反演地面降水(何文英等,2005;王晓丹等,2007;钟中等,2006)。实际上,低频微波亮温和高频微波亮温都可对降水信息做出一定指示,并且已有研究工作证明亮温信号与降水率之间并非简单的线性关系。考虑到用低频和高频全通道有可能提高降水反演的准确率,本文设计全通道对数间接组合方案,基于此建立 MWRI 地面瞬时雨强反演算式。

3.2　雨强反演算式

以"梅花"台风影响区域为界,经降水像元识别及掉线和坏道数据的剔除,MWRI 和 AMSR-E 9 个时次的重叠过境数据匹配共获得 24890 组降雨样本,其中选取 7 个时次(7 月 27 日降轨、30 日升轨和降轨、31 日升轨,8 月 1 日降轨、4 日降轨、8 日升轨)大约 75% 左右的样本共 18043 组用来建立反演地面瞬时雨强算式,剩余的 2 个时次(8 月 5 日升轨、7 日降轨)约 25% 左右共 6847 组样本用来做精度评估及检验。回归反演算式建立如下:

$$R = -0.674 - 31.172 \times \ln(T_{base} - T_{b10v}) + 33.667 \times \ln(T_{base} - T_{b10h})$$
$$- 2.885 \times \ln(T_{base} - T_{b19v}) - 8.089 \times \ln(T_{base} - T_{b19h})$$
$$- 3.133 \times \ln(T_{base} - T_{b23v}) + 5.24 \times \ln(T_{base} - T_{b23h})$$
$$+ 11.257 \times \ln(T_{base} - T_{b36v}) - 6.787 \times \ln(T_{base} - T_{b36h})$$
$$+ 5.046 \times \ln(T_{base} - T_{b89v}) - 4.539 \times \ln(T_{base} - T_{b89h})$$

式中,R 为降雨量,即地面瞬时雨强,单位为 mm/h,T_{base} 为亮温基值,T_b 为各通道的水平或垂直极化亮温,单位均为 K。

4　结果检验

4.1　亮温一致性

以 89 GHz 垂直极化通道亮温为例，首先分析 MWRI 与 AMSR-E 的亮温一致性。从图 1 中可以看出，对应 89 GHz 的亮温衰减区，我们可看到一个完整的台风形状，且有清晰的台风眼，眼区亮温明显高于台风螺旋云带的亮温，围绕眼区附近，亮温衰减明显，台风外围则有明显的螺旋臂，在螺旋臂中存在分散的亮温衰减区。MWRI 与 AMSR-E 两者均能捕捉到台风云系精细结构特征，它们在 89 GHz 亮温的分布形式上基本一致，其中云雨区的亮温较为接近，但晴空区的亮温 AMSR-E 则比 MWRI 略高 2-3K，这可能是由于 MWRI 和 AMSR-E 入射角不同，而地表发射率是入射角的函数，因此地表发射辐射的变化会导致卫星观测亮温的差

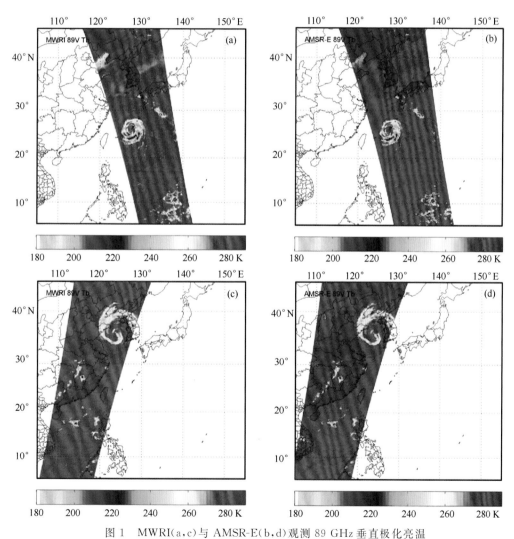

图 1　MWRI(a,c) 与 AMSR-E(b,d) 观测 89 GHz 垂直极化亮温

(a)2011 年 8 月 5 日 04 时 05 分；(b)5 日 03 时 59 分；(c)7 日 17 时 49 分；(d)7 日 17 时 47 分

异,尤其是地表发射辐射对于晴空大气的卫星观测辐射影响较大。

4.2 降水一致性

4.2.1 空间一致性

　　MWRI 基于全通道对数间接组合反演的地面雨强的空间分布、强弱降水位置与 AMSR-E 基本一致,其中 MWRI 与 AMSR-E 弱降水雨区非常吻合,强降水落区及中心位置也较为一致,不过中强降水雨区的强度估计有所偏小。此外,MWRI 反演的降雨范围更大,台风外围的弱降水分布较多(图 2)。两者的差异可能是由于仪器入射角不同、观测时间误差以及时空匹配存在差异引起,如果剔除上述影响,可认为 MWRI 反演的降水与 AMSR-E 反演结果一致性较高,反演结果视为可信。

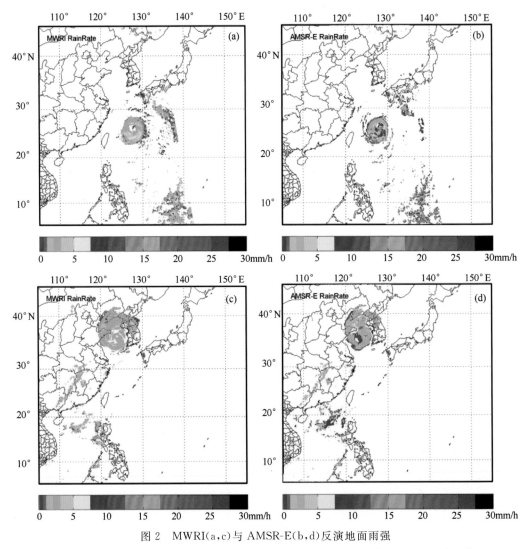

图 2 　MWRI(a,c)与 AMSR-E(b,d)反演地面雨强

(a)2011 年 8 月 5 日 04 时 05 分；(b)5 日 03 时 59 分；(c)7 日 17 时 49 分；(d)7 日 17 时 47 分

4.2.2 精度统计

全通道对数间接组合算式 R 反演剩余的 2 个时次(8 月 5 日、7 日)约 25% 左右共 6847 组样本的地面雨强与 AMSR-E 雨强的相关系数及误差分别为:相关系数 0.653,均方根误差 1.8409 mm/h,平均偏差 -0.138 mm/h。

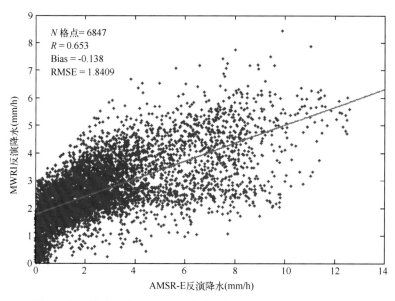

图 3 基于算式 R 的 MWRI 反演降水与 AMSR-E 反演降水散点图

统计表明,该反演方案生成的 MWRI 台风降水与 AMSR-E 反演结果一致性较好。进一步分析算式在不同雨强范围内的反演效果,发现 R 算式对雨强在 0~3 mm/h 的弱降水等级及 >10 mm/h 的强降水等级与实际雨强的相关系数在 0.35 以上,在雨强为 3~6 mm/h,6~10 mm/h 的反演效果比较接近,为 0.16 左右。算式在雨强为 3~10 mm/h 的反演结果较差的原因可能在于在这个雨强范围内,既有层状云降水又有对流云降水,这两种降水所对应的亮温值分布范围较大,雨强与亮温的相关性较差,所以反演结果与实际相差较大,这也说明该算法对中等量级降水的反演能力还需改进。

5 应用分析

根据上述算法连续获取"Muifa"台风(1109 号)MWRI 的降水结构,分析其时空演变规律。图 4 中可见,在"梅花"台风生成的初期,其降水云系范围较小,在台风还未形成眼区时,台风中心及环绕中心的台风内核降水强度大,其螺旋臂上也分散分布着强降水雨带;随着"梅花"的发展成熟,其降水云系范围扩大,直径可达 10 个经纬度,降水结构密实,强降水雨区主要集中在南侧和东北侧,此时它的地面雨强为其生命史的最强时段;随着"梅花"北上,其逐渐演变为一个空心的干性台风,尽管相对强的降雨带仍集中在其南侧,但其中心眼区的降雨量迅速降低,至其接近登陆时,降水结构已松散,降水强度小于 5 mm/h。纵观"梅花"台风生命史特别是中后期,其最大小时降雨量都不超过 15 mm/h,其"干台风"的特征非常明显,据此可预报"梅花"

不会带来强降水。

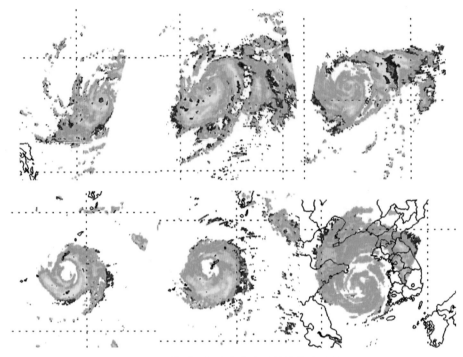

图4 "梅花"台风降水水平结构演变过程

6 结论

本文根据FY-3B/MWRI的通道特征,设计全通道间接对数亮温组合方案,选取西北太平洋1109号Muifa台风为例,进行台风降水结构反演试验。结果表明:MWRI反演结果与AMSR-E业务降水产品较为一致,可为我们提供比较真实可信的洋面降水反演结果,其不仅描绘出台风强降水落区及中心位置,也能较好地表征弱降水区的范围和强度分布,一定程度上体现了对降水系统空间不同等级雨量的估测能力。FY-3B/MWRI可以有效监测台风降水,将对我们监测台风降水、分析台风降水结构的时空演变特征等具有重要参考价值。

参考文献

关敏,杨忠东. 2009. FY-3微波成像仪遥感图像地理定位方法研究[J]. 遥感学报,**13**(3):1-7.

何文英,陈洪滨,周敏筌. 2005. 微波被动遥感路面降水统计反演算式的比较. 遥感技术与应用,**20**(2):221-227.

刘元波,傅巧妮,宋平等. 2011. 卫星遥感反演降水研究综述. 地球科学进展,**26**(11):1162-1172.

吕艳彬,顾雷,李亚萍等. 2001. 用华南暴雨试验雨量资料对TRMM/TMI—85.5 GHz测雨能力的考察. 热带气象学报,**17**(3):251-257.

闵爱荣,游然,卢乃锰等. 2008. TRMM卫星微波成像仪资料的陆面降水反演[J]. 热带气象学报,**24**(3):265-267.

乔木,杨虎,何嘉恺等. 2012. 风云三号卫星微波成像仪在轨性能稳定性分析. 遥感学报,**16**(6):1246-1261.

王晓丹,钟中. 2007. 利用微波成像仪资料反演台风 Aere(2004)降水水平结构. 热带气象学报,**23**(1): 98-104.

吴琼,杨磊,杨虎. 2012. FY-3B 微波成像仪图像质量评价. 遥感技术与应用,**27**(4): 542-548.

许映龙,韩桂荣,麻素红等. 2011. 1109 号超强台风"梅花"预报误差分析及思考[J]. 气象,**37**(10): 196-1205.

杨虎,李小青,武胜利等. 2011. FY-3B 微波成像仪在轨定标精度评价和业务产品介绍[A]. 第 28 届中国气象学会年会——S2 风云卫星定量应用与数值[C].

杨军,董超华. 2010. 新一代风云极轨气象卫星业务产品及应用. 北京:科学出版社.

杨军,许建民,董超华. 2011. 风云气象卫星 40 年:国际背景下的发展足迹. 气象科技进展,**1**(1): 6-13,24.

钟中,王晓丹. 2006. 利用微波亮温资料反演陆地和海洋降水方案的对比. 解放军理工大学学报(自然科学版),**7**(2): 200-204.

邹晓蕾. 2012. 极轨气象卫星微波成像仪资料. 气象科技进展,**2**(3): 45-50.

AMSR-E/Aqua L2B Global Swath Rain Tate/Type GSFC Profiling Algorithm. http://nsidc.org/data/docs/daac/ae_rain_l2b.gd.html.

台风"达维"影响辽宁暴雨的
云图演变特征及成因浅析

阎 琦[①]　陆井龙　田 莉　李 爽　杨 青

(沈阳中心气象台,沈阳 110016)

摘　要:利用常规气象资料、FY-2E 红外辐射亮度温度资料、加密自动站资料和 NCEP(1°×1°)再分析资料,对 2012 年 8 月 3—4 日辽宁暴雨过程云图特征及成因分析,发现云图演变大致分三阶段。第一阶段,在台风外围云系上,中低层弱冷空气造成中层水平辐合与低层暖区内变形场锋生共同作用产生强抬升作用,暖区变形场锋生分别在辽西、辽东触发对流云团,对流云团表现为分散性。第二阶段,仍然是台风外围云系影响阶段,副高后部偏东南气流与华北小高压前偏北气流形成静止锋,静止锋上多个中尺度对流云团的列车效应导致该阶段暴雨。第三阶段,"达维"残留低压东北部的东南风与华北小高压前倒灌到辽西的东北气流作用,导致中尺度低压生成,同时辽宁东部静止锋仍然维持,造成该阶段暴雨云团分散在辽东、辽西两个地区,也具有分散性。

关键词:云图特征;变形场锋生;静止锋;中尺度对流云团

1　引言

　　台风灾害多是由台风暴雨引起的,因此对台风暴雨的研究更为广泛(陈联寿等,1979;王黎娟等,2011;韩桂荣等,2005;魏应植等,2008;陈联寿等,2001;李江南等,2003)。辽宁是东北地区受北上台风影响最为频繁的省份,台风暴雨和大风等灾害性天气给辽宁人民的生命财产造成巨大损失。但由于影响辽宁地区台风频次、性质、强度以及造成的灾害性天气与影响我国南方地区台风有显著不同,且热带气旋本身及其与副热带、西风带系统作用的复杂性,北上台风风雨预报仍是辽宁预报业务上的薄弱环节。2012 年辽宁省气象台在台风"达维"暴雨落区预报过程中,存在成功和不足之处,有必要对此次过程进行深入分析,逐步丰富辽宁省预报员台风暴雨预报经验。

　　常规高空气象资料、NCEP 再分析资料在天气尺度环流和系统演变方面较普遍使用。由于时空分辨率较粗,不能较好地揭示精细的中小尺度系统演变特征,而卫星资料具有较高的时空分辨率,在中小尺度天气诊断中发挥着重要作用。目前,许多一线预报员在应用卫星资料进行中尺度天分析方面开展了大量工作(施望芝等,2007;林宗林等,2003;范俊红等,2009)。台风"达维"影响辽宁的不同阶段,出现多个中尺度对流云团,其演变特征和成因有待于深入分析,因此利用常规气象资料、FY-2E 红外辐射亮度温度资料、加密自动站资料和 NCEP(1°×1°)再分析资料,对台风"达维"影响辽宁暴雨的云图特征及成因进行分析,期望获得一些有益的结论,对以后的台风暴雨预报起到一定指导作用。

　　① 阎琦,从事短期天气预报及物理量诊断分析。E-mail:yq. mete@163. com,该项目由中国气象局预报员专项 CMAYBY2013-014 资金资助。

2 环流背景概述

受"达维"影响,2012年8月3日05时至4日14时,是降水主要时段,辽宁省出现区域性暴雨过程(如图1c),全省58个常规站13站次降大暴雨(最大降水量为213 mm,出现在本溪县),17站次降暴雨。

整个暴雨过程是在热带、副热带和西风带系统共同作用下出现的(见图1)。副热带高压外围同时存在2012年9、10、11号台风,三台风作用明显,其中11号台风位于副热带高压南侧,有利于副热带高压强度维持或加强,同时使得副热带高压位置少动。副热带高压与9号、10号、11号台风间气压梯度增大,导致季风涌加强,利于将热带地区以及9、10、11号台风中水汽和能量向辽宁输送。热带季风涌加强,对热带地区以及9、10、11号台风中水汽和能量输送作用明显,辽宁水汽和热力条件非常有利。

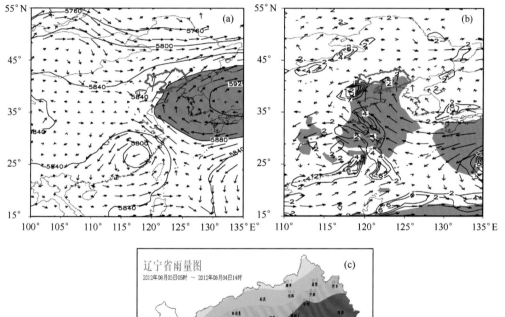

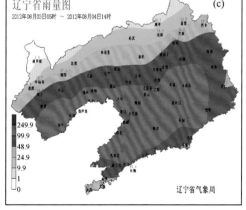

图1 2012年8月3日20:00时:(a)500 hPa 位势高度场(实线,间隔40 gpm,阴影为5880 gpm线包围区域代表副高)、风场;(b) 850 hPa 涡度场(实线,间隔$2×10^{-5} \cdot s^{-1}$)、风场(阴影为低空急流区);(c) 8月3日05:00—4日14:00辽宁省降水量空间分布(单位:mm)

　　西风带地区鄂海阻高与副热带高压合并(见图1),对上游冷空气阻挡导致冷空气在黑龙江北部堆积,华北小高压逐渐形成并加强,中层华北小高压前部弱北风将黑龙江北部堆积的冷空气向东南部输送到辽河流域附近,并且冷空气随副高后部下沉气流向近地面侵入,同时低层华北小高压前部弱北风也将北部地区冷空气输送到辽宁,冷空气与台风和副热带高压后部暖湿共同作用形成辽宁暴雨。

3 "达维"影响辽宁暴雨的云图特征

　　图 2 是 FY-2E 空间分辨率 5 km 的红外辐射亮度温度(TBB)图与降水量空间分布,通过分析得到台风"达维"影响辽宁暴雨可以分为三阶段,各阶段云图特征如下:

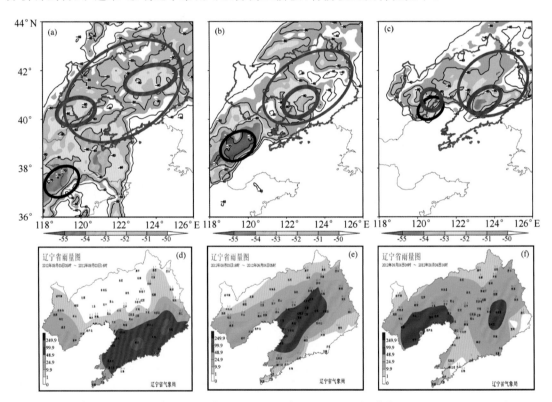

图 2　2012 年 8 月 3 日 14 时(a)、21 时(b)、4 日 08 时(c) TBB 云图 (单位:℃)和 3 日 05—14 时(d)、3 日 21 时—4 日 04 时(e)、4 日 05—14 时(f)降水分布(黑色线圈代表台风环流云系,蓝色线圈代表台风外围云系,红色线圈代表影响辽宁的中尺度对流云团)

　　第一阶段:2012 年 8 月 3 日 06 时—3 日 15 时向西北方向移动,06—08 时强度明显减弱,8月 3 日 09 时在山东省境内减弱为热带风暴。该阶段台风眼区消失,但有不对称密蔽云区,台风中心位于密蔽云区南侧,从红外云图(图略)上可以看出,台风中心位于密蔽云区边界整齐光滑的一侧。该阶段台风外围云系向东北方向移动,从 3 日 06 时到 14 时外围云系逐渐发展,影响范围不断扩大,从 3 日 14 时 TBB 云图上可以看出,整个云系可以分为两部分,一部分是从台风中心出发到达山东半岛以北地区的台风环流云系。一部分是位于辽宁的外围云系,而外围云系分别在辽宁东部和西部发展加强,该阶段的强降水区分布在辽东、辽西两个地区,云图特征是暴雨云图分布具有分散性。

2012年8月3日16时—3日20时向北移动,该阶段移动非常缓慢,平均移动速度10 km/h,中心气压逐渐上升,中心最大风速逐渐减小到10~5 m/s之间。该阶段不对称密蔽云区逐渐减弱,台风中心位于密蔽云区边界相对整齐光滑的一侧。其中3日16时—4日20时,台风外围云系减弱东北移动,辽宁降水阶段性减弱。

第二阶段:从3日21时—4日04时 TBB 云图上,在副热带高压后部台风外围云系上,在营口—海城—本溪县一线生成多个中尺度对流云团,而此时台风环流云系缓慢北抬到渤海湾西部,还没有影响辽宁。强降水落区位于营口—鞍山—本溪一带,降水范围和强度都比第一阶段的大。该阶段云图特征是对流云团在相对稳定的位置不断生成,且沿相同路径移动。

第三阶段:2012年8月4日05时—4日08时台风进入渤海西部海面后转向东北方向移动,台风中心与其强云带脱离,强度继续减弱,中心最大风速减小到5 m/s左右,移动加速,平均速度20 km/h。该阶段 TBB 云图上,影响辽宁的云系主要有两部分,一部分是在营口—海城—本溪县一线生成多个中尺度对流云团,从4日05时之后逐渐向东北方向移动;另一部分是台风残留环流云系到达渤海西部后在辽西得到加强,发展成中尺度对流云团。降水强降水落区也有两个,一个落区位于海城—本溪一带,一个位于辽宁西南角。该阶段云图特征是产生暴雨的中尺度对流云团分布具有分散性。

4　台风"达维"影响辽宁暴雨云图特征的成因分析

4.1　第一阶段暴雨对流云团分散性分布成因分析

3日02时至3日14时,副高稳定,5880 gpm 线基本位于辽宁东部边缘线上。副高后部偏南急流建立,该急流从南海一直向北延伸到辽宁南部。在25°~35°N 之间急流宽度最大达到10个经距,如此宽广的急流有利于向辽宁输送水汽和能量。3日02时,1000 hPa 的 θ_{se} 和风场分布图(图略)上可以看出,9号、10号台风对应两个 θ_{se} 高值中心,辽宁大部 θ_{se} 小于等于70℃。3日08时,随着副高后部偏南急流将热带地区及三个台风中丰富水汽和能量向北输送,辽宁地区 θ_{se} 增大,最大值达到75℃。从 θ_{se} 垂直剖面可以看出,3日08到3日14时中层有干冷空气自西向东移动,而800 hPa 高度以下暴雨区为 θ_{se} 的高值区,从 θ_{se} 08时空剖面上(图略)可以看出,中层冷空气没有入侵到近地面附近,主要在中层向东移动,导致暴雨区上空形成"下暖湿上干冷"的对流不稳定层结。近地面附近没有冷空气和切变影响,辽宁受副热带高压后部一致的东南气流控制,因此该阶段暴雨是发生在低层高温高湿的暖区内的暴雨。

分析3日08时1000 hPa 实况(见图3a)发现,华北地区弱的小高压与副热带高压对峙,与"达维"低压倒槽形成接近"鞍型场"的形式。"鞍型场"形式有利于锋生,因此进一步分析8月3日02:00—3日14:00时1000 hPa、925 hPa、850 hPa 以及700 hPa 锋生函数演变情况(图略),随着时间推移在辽宁东部、西部分别出现锋生函数正值中心,说明在辽宁东部、西部出现锋生(图3b)。从锋生函数、锋生函数水平散度项、锋生函数水平变形项沿(41°N,125°E)时间-垂直剖面图(图3)上可以看出,锋生在垂直方向分为低层和中层两个高度的锋生。低层锋生函数水平变形项与总锋生函数随时间变化基本上是同步的,而锋生函数水平散度项对总锋生函数随时间变化贡献较小,因此,近地面层暖区内出现变形场锋生,从3日08时低层高度场、温度场、流场配置情况分析,这次过程属于鞍形场内变形场锋生。而中层锋生是由水平散度项和水平变形项共同作用下形成的,而中层辐合是由中层弱冷空气东移。随着锋区加强,垂直速度明显增大,14 时最大垂直速度是 02 时的 4 倍(图略)。

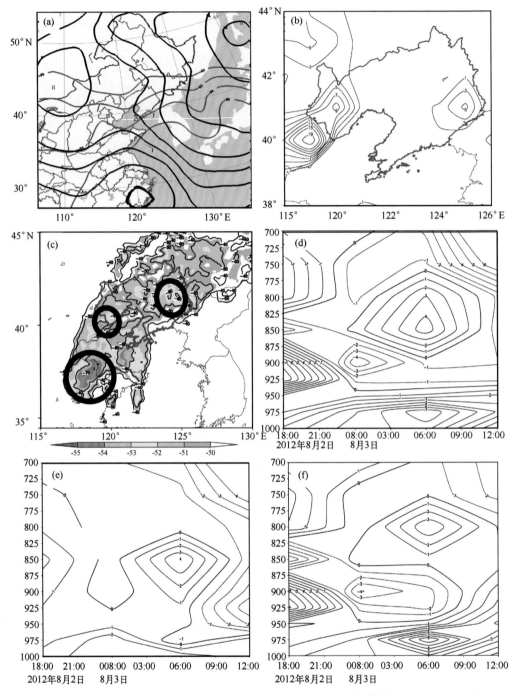

图 3　2012 年 8 月 3 日 08 时 1000 hPa 高度(黑色等值线)和温度场(红色等值线)(a),3 日 14 时 1000 hPa 锋生函数水平分布(b)、TBB 云图 (c,单位:℃),锋生函数(d) 、锋生函数水平散度项(e)、锋生函数水平变形项(f)沿(41°N,125°E)点的时空剖面(锋生函数单位:10^{-10} K·m^{-1}·s^{-1})

在此阶段,中层冷空气向东移动,导致暴雨区上空形成"下暖湿上干冷"的对流不稳定层结。低层"鞍型场"暖区内变形场锋生产生强动力抬升作用触发中尺度对流,锋生区与中尺度对流有较好对应(见图1b、c),造成辽西、辽东两个暴雨落区。

4.2　第二阶段对流云团在相对稳定位置生成,且沿相同路径移动成因分析

3日18时至4日05时,副高先西进后东退,出现小幅震荡,3日14时至20时副高西脊到达120°E,3日20时至4日05时,副高有略东退,副高西脊到达121°E,5880 gpm线基本位于辽宁东部边缘线上。副高后部偏南急流维持并向北伸展到辽宁中部。在25°～35°N之间急流宽度最大达到10个经距,如此宽广的急流有利于向辽宁输送水汽和能量。3日18时至4日05时,850 hPa的比湿分布图(图略)上可以看出,9号、10号、11号台风对应比湿高值中心,最大20 g/kg。从台风高比湿中心,向北伸展的湿舌控制辽宁,辽宁位于16 g/kg比湿舌区控制范围内,水汽条件十分充足。

分析1000 hPa的θ_{se}和风场从3日20时至4日02时演变发现,在辽宁西北部存在θ_{se}低值中心,且不断向东南方向推进,表明有弱干冷空气侵入(图略)。3日20时700 hPa高度、风场实况图(见图4a)上可以看出,鄂霍次克海阻高与副高对上游冷空气阻挡,冷空气在黑龙江北部堆积,华北小高压前弱北风将冷空气向东南部输送到辽河流域附近。分析121°E的θ_{se}垂直剖面(见图4b、c),可以看出,3日20时,在700 hPa高度附近存在θ_{se}的低值中心,4日02时700 hPa高度附近存在θ_{se}的低值中心随下沉气流到达近地面附近,黑龙江北部堆积沿华北小高压前输送到辽河流域附近后,随副高后部下沉气流向近地面侵入。地面加密风场上(见图4b),副高后部偏东南气流与华北小高压前偏北气流形成一条静止锋,大洼西北侧偏北风将静止锋向东南方推,大洼西南地区东南风将静止锋向西北抬,导致大洼附近生成中尺度波动。冷空气到达营口—本溪一线前后辽宁地区水汽、动力对比(见图4e、f)发现,850 hPa涡度和水汽通量散度,3日20时辽宁地区涡度较小,水汽辐合作用弱。随着弱冷空气到达营口—本溪一线地面形成静止锋,大洼附近静止锋生成中尺度波动,中心最大涡度明显增大,水汽辐合作用明显增强,辽宁辽河流域的水汽通量散度3日20时为0(见图4e),而4日02时为−25,可见水汽辐合作用明显增强(见图4f)。从2012年8月3日21时—4日05时TBB云图演变(见图5)情况上可以发现,3日21时—4日05时先后4个中尺度对流云团A、B、C、D,沿静止锋向东北方向移动,静止锋上多个中尺度对流云团的列车效应导致该阶段暴雨。

4.3　第三阶段暴雨对流云团分散性分布成因分析

4日08时,500 hPa副高西伸,5880 gpm西廓线到达辽宁西部。200 hPa高空急流与第二阶段降水期间的相比变化不大。850 hPa低空急流出现断裂,辽宁西部受渤海附近较短的西南急流左前方影响,水汽和能量主要来自渤海和台风"达维"残留的低压系统。

从4日08时500 hPa高空实况可以分析出,西风带短波槽东移,700 hPa高度华北小高压加强略东移,其东南部的东北气流倒灌弱冷空气与台风"达维"残留的环流相互作用。从850 hPa涡度、风、温度场演变可以看出(见图6a、b):4日02时,台风"达维"残留的环流正涡度大值区(阴影部分)与冷槽(蓝色等温线控制区域)没有相遇,4日08时台风"达维"残留

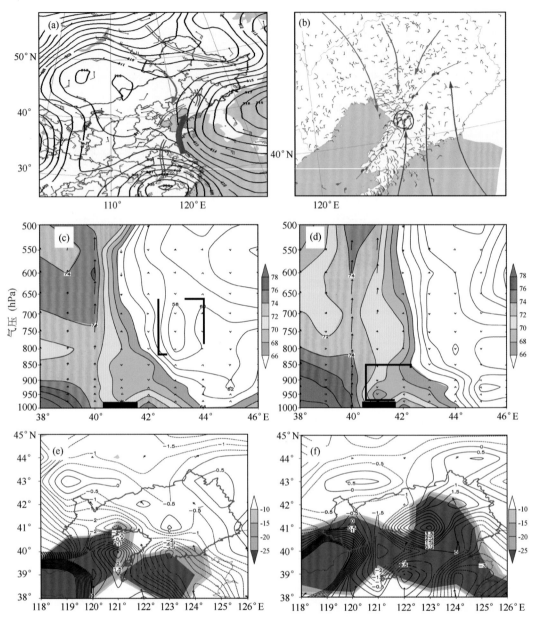

图 4　2012 年 8 月 3 日 20 时 700 hPa 高度(黑色等值线)和风场(a)、地面加密自动站风场(b)、3 日 20 时(c)、4 日 02 时(d)θ_{se}(单位:℃)、风场沿 121°E 的垂直剖面(黑色粗线所示范围为暴雨落区)、3 日 20 时(e)、4 日 02 时(f)850 hPa 风场、涡度场(等值线,单位:$10^{-5} \cdot s^{-1}$)、水汽通量散度场(阴影)空间分布

　　的低压正涡度大值区(阴影部分)与冷槽(蓝色等温线控制区域)相结合。地面加密风场上(见图 6c),4 日 05 时—08 时东部静止锋仍然维持,位置略东移,此时"达维"残留低压向东北方向移动,其残留低压东北部的东南风与华北小高压前倒灌到辽西的东北气流作用,触发中尺度低压生成。TBB 云图上可以看出(见图 6d):4 日 05 时—4 日 08 时在营口—海城—本溪县一线以及辽西两个区域分别生成对流云团,导致暴雨落区也分为两个。

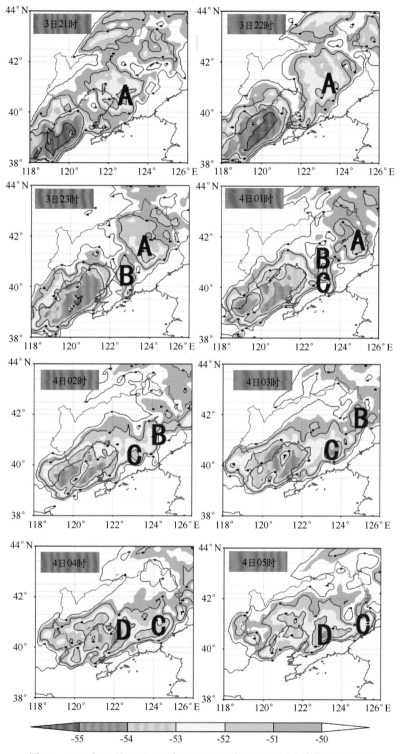

图 5　2012 年 8 月 3 日 21 时—4 日 05 时 TBB 云图（单位：℃）演变

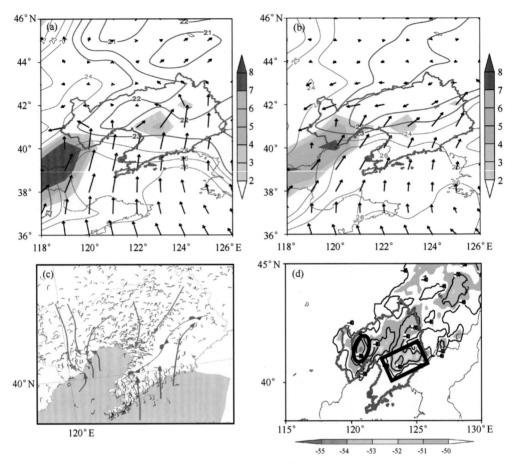

图 6　2012 年 8 月 4 日 02 时(a)和 08 时(b)850 hPa 风场、涡度场(阴影,单位:$10^{-5} \cdot s^{-1}$)、温度场
(等值线,单位:$Pa \cdot s^{-1}$)空间分布,4 日 08 时地面加密风场(c)和 TBB 云图(d,单位:℃)

5　结　论

　　(1)暴雨过程云图演变大致分三阶段。第一阶段,在台风外围云系上,分别在辽西辽东有对流云系发展,表现出一定分散性。第二阶段,仍然是台风外围云系影响阶段,与第一阶段不同的是,对流云团在相对稳定的位置不断生成,且沿相同路径移动。第三阶段属于台风残留环流云系与台风外围云系共同作用阶段,对流云团也分散在辽西、辽东,特征也是具有分散性分布。

　　(2)第一阶段:在台风外围云系影响辽宁期间,中低层弱冷空气造成中层水平辐合与低层暖区内变形场锋生共同作用产生强抬升作用,暖区内触发辽宁东、西部中尺度对流云团导致暴雨。

　　(3)第二阶段:副高后部偏东南气流与华北小高压前偏北气流形成静止锋,静止锋上多个中尺度对流云团的列车效应导致该阶段暴雨。

　　(4)第三阶段:辽宁东部静止锋仍然维持,同时"达维"残留低压东北部的东南风与华北小高压前倒灌到辽西的东北气流作用,触发中尺度低压生成,造成该阶段暴雨云团分散在辽东、辽西两个地区。

参考文献

陈联寿,丁一汇. 1979. 西北太平洋台风概论. 北京:科学出版社,145-154.

陈联寿,孟智勇. 2001. 我国热带气旋研究十年进展. 大气科学,**25**:420-432.

范俊红,王欣璞,孟凯等. 2009. 一次 MCC 的云图特征及成因分析[J]. 高原气象,**28**(6):1388-1398.

韩桂荣,何金海,樊永富等. 2005. 变形场锋生对 0108 登陆台风温带变性和暴雨形成作用的诊断分析. 气象学报,**63**(4):468-475.

李江南,王安宇,杨兆礼. 2003. 台风暴雨的研究进展. 热带气象学报,**19**(suppl):152-159.

林宗林,林开平,陈翠敏等. 2003. 典型带状云系强降雨过程卫星云图演变特征分析[J]. 广西气象,**24**(4):11-16.

施望芝,毛以伟,谌伟等. 2007. 台风"云娜"降水云区中单点大暴雨诊断分析. 暴雨灾害,**26**(1):46-51.

王黎娟,高辉,刘伟辉. 2011. 西南季风与登陆台风耦合的暴雨增幅诊断及其数值模拟[J]. 大气科学学报,**34**(6):662-671.

魏应植,吴陈锋,林长城等. 2008. 冷空气侵入台风"珍珠"的多普勒雷达回波特征. 热带气象学报,**24**(6):599-608.

山西省降雪天气的云系分型及其发展原因

赵桂香[1]　　张运鹏[2]　　张朝明[3]

(1. 山西省气象台,太原 030006；2. 国家卫星气象中心,北京 100081；
3. 山西省大气探测技术保障中心,太原 030002)

摘　要:利用 2002—2012 年的逐日降水资料、卫星资料(包括红外卫星云图、TBB、TZT 等)、常规观测资料等,采用统计分析和数值诊断分析方法,分析了山西省降雪天气的云型特征及云系发展原因。结果表明:依据卫星云图特征,可以将造成山西省降雪天气的云系概括为高空槽云系、锋面云系、高空急流云系、螺旋状云系、叶状云系等五种。不同云系生成在不同的环流背景下,在其影响下,造成的降雪量级、范围及持续时间均不同。但无论是哪种云系影响,较大降雪均出现在黄褐色或红色云团内。降雪一般出现在 TBB 小于 240 K 的冷云团内、TBB 等值线梯度最大处靠近中心一侧,且 TBB 大小与未来 6 h 或 1 h 降雪量关系密切;对流层上层水汽含量的增加,是降雪出现的先兆信号,水汽含量大值区与未来 6 h 大的降雪落区对应,且先于降雪出现,对预报降雪有指示意义。云系的发展加强与低层暖湿气流输送、辐合上升、地形动力抬升有着密切关系。

关键词:降雪;云图分型;TBB(相当黑体温度);TZT(对流层中上层大气水汽含量);环境场

1　引言

降雪天气往往伴随着强降温,造成道路结冰、电线覆冰等,给交通运输、电力、农业等部门造成巨大压力。因此,降雪天气的成因及其预报技术成为 21 世纪以来气象工作者的研究重点之一。气象卫星资料以其分辨率高、覆盖范围广的优点,在天气分析和预报中发挥了重要作用。研究表明,由尺度分离法得到的中尺度系统与卫星云团中尺度云团有很好的对应,中尺度对流云团是造成陕西省 2009 年 11 月 9—10 日特大暴雪的直接原因(杨文峰等,2012)。在 2000 年冬季阿勒泰地区 3 次典型的大降雪过程中,大降雪由 TBB 低于 −60℃ 的中尺度云团造成,降雪出现在中尺度云团 TBB 等值线梯度最大处(赵俊荣等,2010)。山东半岛出现 5 mm 以上降雪时,半岛北部的积云线呈现气旋性弯曲,降雪越强气旋性弯曲越明显(姜俊玲等,2010)。而新疆阿勒泰地区爆发性发展的中尺度冷云团(TBB≤−60℃)和境外生成的冷云团(TBB≤−60℃)先后影响造成了 2010 年 1 月阿勒泰地区暴雪天气,暴雪出现在中尺度冷云团外围 TBB 等值线梯度最大区域(李进忠等,2012)。辽宁低涡影响系统的云系,云团云顶亮温 TBB 低于 −50℃,暴雪的发生,与 TBB 低于 −60℃ 的 α 中尺度云团加强密切相关(刘宁微等,2009)。山东半岛冷涡暴雪发生时,暴雪区有西南—东北向的对流云线发展,与对流层低层的西北风近乎垂直(周淑玲等,2008)。卫星云图可清楚地揭示南支槽云系生成、东移发展、并与静止锋云系交汇、减弱移出云南的整个过程,南支槽云系与静止锋云系交汇产生低纬高原地区大到暴雪天气过程(张腾飞等,2006)。针对不同地区的大雪或暴雪天气过程,还有许多学者(苏德斌等,2012,吴伟等,2011,李鹏远等,2009,周毓荃等,2008,王晓滨等,2001),利用卫星探测资料,从不同的角度进行了分析研究,得出了许多有意义的结论。

　　山西省由于地理、地形特殊,造成降雪的时空分布极不均匀,降雪预报难度很大,降雪强度、降雪出现时间、降雪落区均难以把握,而随着对山西暴雪天气的深入研究(赵桂香等,2007,2008,2011a,2011b),造成山西暴雪天气的原因不断被揭示和认识。但如何充分发挥卫星资料的作用,全面系统地分析山西省降雪天气的卫星资料特征,寻找对预报有指示意义的信息,为做好降雪天气预报提供一些参考,显得非常必要。

2 资料及方法

　　选取 2002—2012 年 10 月至次年 4 月逐日降水量资料,以记录有雪或雨夹雪天气现象、降水量>1.0 mm 作为统计对象,按照日常业务划分法,24 h 降雪量<2.5 mm 为小雪,2.5～5.0 mm 为中雪,5.1～10.0 为大雪,>10.0 mm 为暴雪进行分级统计。

　　卫星资料来源于山西省气象台卫星接收系统所提供的产品,包括红外卫星云图、TBB(相当黑体亮温)、TZT 资料(对流层中上层水汽含量)。

　　诊断分析所用资料为地面和高空常规探测资料,资料范围为 90°～125°E,25°～60°N,应用逐步订正方案对资料进行客观分析,并采用 Kring 网格化方法,生成格点数为 51×51 的网格资料,水平分辨率为 0.7°×0.7°,垂直分为 9 层。垂直速度采用运动学订正方法,计算求得。

3 降雪天气的卫星资料特征

3.1 降雪天气的云系分型

　　分析近 10 年山西省降雪天气的卫星云图特征,可以将造成山西省降雪天气的云系概括为高空槽云系、锋面云系、高空急流云系、螺旋状云系、斜压叶状云系等五种。

3.1.1 高空槽云系

高空槽云系又可分为高空槽云系过境型和后部云团发展型两类。

(1)高空槽云系过境型

降雪前 12 h,500 hPa 上,山西多受高空槽前或高原槽前西南气流控制,对应高空槽云系多位于河套地区,呈西南—东北向的带状分布,红外云图上多表现为黄褐色和灰色相间。由于高原槽移动较快,云系也移动较快,因此,此类云系影响下,造成的降雪小,持续时间短。若云层薄,云顶亮温高,降雪以小雪为主;若随着贝加尔湖冷空气补充南下,高原槽有所发展,云层变厚,云系变得密实,云顶亮温降低,则山西会出现大范围小雪天气,有时会出现局部大雪。如 2011 年 2 月 8—10 日的降雪就属此类。

　　8 日 20 时,500 hPa 上(图 1a),山西受高原槽前弱西南气流控制,对应 8 日夜间,高空槽云系位于河套地区,山西受高空槽云系前部一些零散云系影响,夜间开始出现零星降雪。9 日凌晨,随着云系的移入,降雪范围扩大,强度有所增大,但云层薄,云顶亮温高,降雪以零星小雪为主。9 日白天,随着贝加尔湖冷空气补充南下,高原槽发展,河套地区又有一股高空槽云系发展东移,到 9 日下午,云系基本覆盖山西,云层变厚,云顶亮温降低,中心值接近 235 K,山西出现大范围降雪,9 日 18 时(图 1c)达到最强,北部地区云团比较密实,云顶亮温较低,中心值在

230 K 左右,而中南部云层较薄(图 1d),云顶亮温相对较高,在 230～240 K 之间,受以上云系影响,山西北中部以连续性小雪为主,局部还出现大雪,南部则为阵性降雪。到 10 日凌晨,云系基本移出山西(图 1e),降雪结束。此次降雪主要集中在 9 日白天到夜间,全省普降小雪,24 h 降雪量 0.1～7.4 mm(图 1b),其中北部 2 县、南部 3 县达到大雪,大雪出现在黄褐色云团内、TBB 等值线梯度最大靠近中心(中心值小于 220 K)一侧。

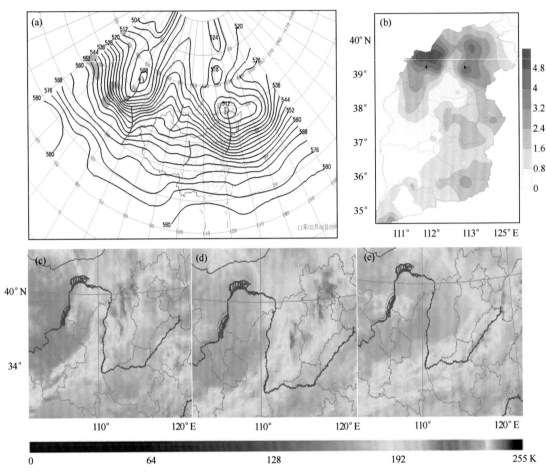

图 1　2011 年 2 月 8 日 20:00 500 hPa 环流形势(a),9 日白天到夜间的降雪量(b,单位:mm),
9 日 18:00(c),20:00(d),10 日 00:00(e)的红外云图

(2)高空槽云系后部云团发展型

与高空槽云系过境不同的是,500 hPa 上,新疆北部、贝加尔湖以西的地区常存在阻塞形势,贝加尔湖地区存在切断低压,河套地区多有高原槽形成。由于切断低压前冷空气不断南下,使得高原槽后不断有短波槽发展,与高原槽合并,使得高原槽不断发展加深,槽前水汽输送得到加强,高空槽云系后部会不断有新的云团生成、发展并移入山西,在山西形成盾形云团或叶状云团,云团呈黄褐色与灰色相间,期间往往会有红色小块云团,随着云团的不断变得密实,云顶亮温降低,云层变厚,山西出现大范围降雪,降雪以小到中雪为主,部分地区还会出现大雪或暴雪,大雪或暴雪出现在盾形云团内或叶状云团内的红色或褐色云团区域。一般叶状云团较盾形云团更易出现暴雪。此类云系影响下,云系移动较慢,造成的降雪大,持续时间也长。

如 2009 年 11 月 9—12 日的降雪就属此类。

降雪前期 7 日 08 时,500 hPa 中高纬度为宽广的低值系统,低压中心位于雅库次克地区,强度达 5010 gpm,对应冷中心达−45 ℃,且温度槽落后于高度槽,锋区位于蒙古国;该冷气团和锋区一直稳定少动,冷中心强度不断增强;8 日 20 时,横槽穿越贝加尔湖一直到我国新疆以北地区,而位于黑海附近的高压脊开始迅速向东北方向发展,于 9 日 20 时(图 2a)在俄罗斯中部的安加拉河附近形成阻塞高压,在其南侧俄罗斯与蒙古国接壤的地方形成切断低压,前述东部冷空气南压约 8 个纬度,而此期间,山西一直处于偏西或西南气流控制中。受以上冷暖空气共同影响,9 日夜间山西省出现大范围强降雪。10 日 08 时—11 日 08 时(图 2b,c),锋区不断南压,但阻塞形势稳定维持,直到 11 日 20 时(图 2d),阻塞形势依然存在,切断低压位于贝加尔湖西侧,冷空气沿切断低压底后部不断南下,与山西上游不断加强的西南暖湿空气不断交汇,造成此期间山西大范围持续强降雪天气;直到 12 日 20 时,山西才转为槽后偏西北气流控制,强降雪结束。

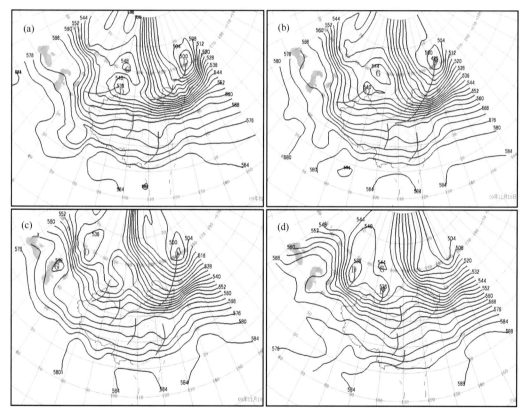

图 2   2009 年 11 月 9 日 20 时(a),10 日 08 时(b),10 日 20 时(c),11 日 20 时(d)500 hPa 环流形势演变
(单位:dagpm)

分析卫星云图演变发现,此次降雪过程,高空槽云系后部不断有新的云团生成、发展、东移,先后由叶状云团、盾形云团、高空槽云系过境及叶状云团造成山西大范围大暴雪天气,历史罕见。

9 日 20 时,河套地区形成高空槽云系,云系呈近似南北向,为黄褐色与灰色相间,其云顶

2013 年卫星遥感应用技术交流论文集

亮温较低,中心值小于 230 K。该云系于 10 日凌晨进入山西,山西开始出现降雪,随着高空短波槽的补充南下,槽前西南气流不断加强,云系后部不断有新的云块生成、发展、东移,并入云系内,于 10 日 06 时形成叶状云团,呈红色,云顶亮温不断降低,其中心值小于 215 K,且整个云团覆盖了山西的忻州到临汾一带,造成此区域大范围强降雪,降雪以中到大雪为主,红色云团内出现暴雪。此云团在山西停留时间较长,而且后部不断还有云块移入、合并,10 日 09 时(图 3a)达到最强。10 日午后,云团开始减弱,颜色由红变为黄褐色,云顶亮温有所升高,中心值升高到 225 K 左右,降雪强度有所减小,10 日 17 时发展为盾形云团,盾形向西北上拱,之后,云团范围不断扩大(图 3b),云顶亮温持续降低,其中心值又下降到 220 K 左右,降雪持续,以中雪或大雪为主。该盾形云团于 11 日 04 时移出山西,山西受其后部零散灰色云团影响,11日上午降雪出现短暂的减小,但河套又有高空槽云系发展东移(图 3c),该云系属过境型云系,移动速度较快,11 日 18 时(图 3d)已移出山西,但河套地区又有叶状云团发展东移,于 11 日22 时(图 3e)达到最强,其间还出现红色小云块,其云顶亮温降到很低,接近 205 K 左右;叶状云团范围较大,持续时间较长,造成山西 11 日夜间再次出现降雪的增幅。此云团覆盖山西中南部,强降雪也位于中南部,暴雪出现在红色云团内、TBB 等值线梯度最大处靠近中心值附近。此云团于 12 日 08 时(图 3f)基本移出山西,并入前述过境型高空槽云系内,山西强降雪结束,但受其影响,内蒙、河北、北京、天津、山东出现强降雪。12 日白天,受其后部灰色零散云系影响,山西仍出现小雪。

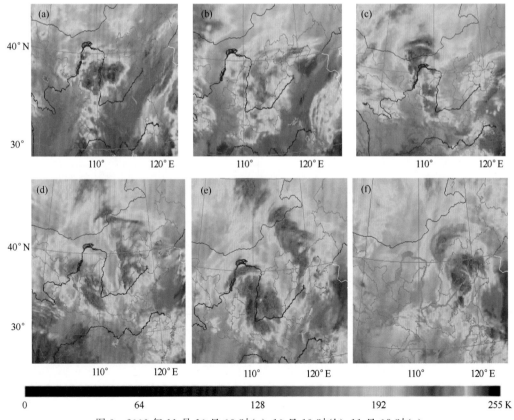

图 3 2009 年 11 月 10 日 09 时(a),10 日 19 时(b),11 日 08 时(c),
11 日 18 时(d),11 日 22 时(e),12 日 08 时(f)红外云图

3.1.2 锋面云系影响型

降雪前,地面图上,存在典型的锋面,对应 500 hPa 上,锋区位于 50°～60°N 附近,贝加尔湖以西存在横槽,南支槽位于河套南部,横槽和南支槽在东移过程中同位相叠加,使得槽前水汽输送不断加强,横槽转竖又导致冷空气大举南下,造成冷暖空气的强烈交汇。锋面云系首先生成于河套地区,呈带状分布,宽约 60 km,长约 130 km,呈红色,其西北方存在向西北上拱的红色云罩。发展初期,前部较毛,为黄色毛齿状;发展强盛时,云罩后部边界光滑,干区非常明显,有时地面会出现锢囚,云系头部出现气旋式弯曲。此种云系影响下,山西出现大范围降雪,以小到中雪为主,部分地区出现大雪或暴雪,若地面出现锢囚,则降雪量更大,暴雪出现在干湿交界处接近湿区一侧。随着锋面的移出,云系也逐步移出山西,后部边界更为光滑,则降雪结束,降雪后山西出现大风天气。后部边界非常光滑是典型的大风云型特征。锋面云系云顶伸展得更高,云层更厚,此类云系影响下,降雪持续时间较长,降雪强度大,若地面出现锢囚,降雪则出现爆发性增幅的特点,降雪后伴有大风和强降温天气。如 2010 年 3 月 14—15 日山西的北中部区域暴雪就属此类。

13 日 20 时,500 hPa 上(图 4a),贝加尔湖地区存在切断低压,横槽穿越贝加尔湖地区,锋区位于 40°～50°N 附近,贝加尔湖西南方有短波槽,南支槽位于 30°～38°N,90°～95°E 附近,短波槽在东移过程中,与南支槽合并加强,横槽转竖使得冷空气大举南下,冷暖空气在山西地区交汇。地面图上,13 日 20 时,回流倒槽形势强盛,在河套地区形成锋面,在东移发展过程中,于 14 日 05 时(图 4b)出现锢囚。

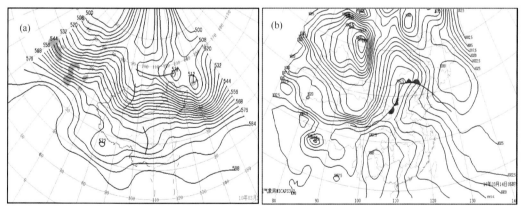

图 4 2010 年 3 月 13 日 20 时 500 hPa 环流形势(a),14 日 05 时地面形势(b)

对应卫星云图上,13 日 20 时(图 5a),锋面云系位于河套地区已移近山西,其前部呈灰色毛齿状,后部有伸展的较高的向西北方上拱的红色云罩,整个云团的 TBB 值小于 220 K。在高空引导气流作用下,云系向偏东方向移动,逐步进入山西,且云顶亮温一直很低,造成山西大范围降雪,14 日 05 时(图 5b),云系发展达到最强盛,TBB 中心值小于 210 K,而前部毛齿状变为黄色,TBB 开始增大,后部云罩曲率达到最大,且云罩后部边界非常光滑,此时地面正好出现锢囚,此云团移动较慢(图 5c 和 d),造成 14 日上午山西北中部的降雪出现爆发性增幅,降雪强度大,持续时间也较长,暴雪出现在锋面云系内红色云团周围、TBB 中心值接近 210 K 附近区域。14 日 14 时(图 5e),锋面云系在东移过程中逐步减弱,颜色变为黄色或灰色,云顶亮温逐步升高,但后部边界仍非常光滑,14 日下午,降雪减弱,出现大风强降温天气,14 日 17 时(图 5f),云系移出山西,降雪结束,大风持续。

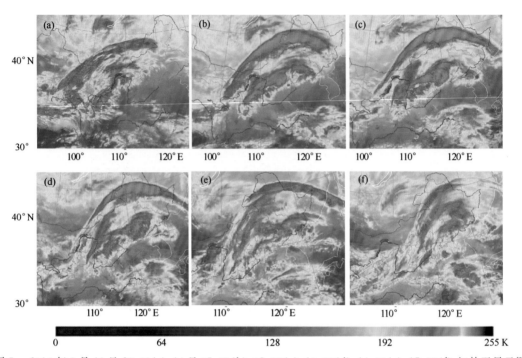

图 5　2010 年 3 月 13 日 20:00(a),14 日 05:00(b),08:00(c),10:00(d),14:00(e),17:00(f) 红外卫星云图

3.1.3　高空急流云系

高空 200 hPa 存在西风急流,500 hPa 中高纬度环流较平,地面多为回流形势或回流与倒槽共同影响。此种环流形势下易出现高空急流云系。云系呈近似东—西向带状分布,与 200 hPa 急流位置和走向均一致,一般为红色或黄色,色调较均匀,说明云顶高度伸展得更高。云系发展初期,四周边界清晰,发展强盛时,宽可达 70 km 左右,长达 230 km 左右。在高空引导气流作用下,向东移动,移动速度与高空 200 hPa 西风风速有关,在东移过程中,前部会逐步变毛。发展后期,内部出现丝缕状结构,此时,云系已开始减弱。此类云系造成的降雪范围大,但强度小,一般以小雪为主,降雪分布相对均匀,持续时间较短。如 2012 年 12 月 20 日的降雪就属此类。

12 月 20 日 08 时,高空 200 hPa 中纬度形成强的西风急流(图 6a),对应 500 hPa 上(图 6b),中高纬度环流较平,水汽相对较差,冷空气势力也较弱,内蒙古到河套一带存在短波槽,在短波槽东移南下过程中,与弱的偏西南气流交汇,造成弱的降雪。

对应卫星云图上,12 月 20 日凌晨(图 7a),在河西走廊形成高空急流云系,呈东西向带状分布,边界较光滑,呈红色,色调均匀,云系宽约 50 km,长约 200 km,云顶亮温较低(说明云伸展得很高),在高空引导气流作用下,云系不断向东移动,于 03 时(图 7b)进入山西西南部,山西出现零星小雪。之后,迅速向东移动,10 时(图 7c),覆盖山西,造成山西大范围降雪,但降雪较小,此时,云系前部已出现黄色毛齿状,这已是云系开始减弱的信号;12时(图7d),云系变得弯曲,色调不均匀,变为红黄色相间,毛齿状加剧,降雪明显减弱。

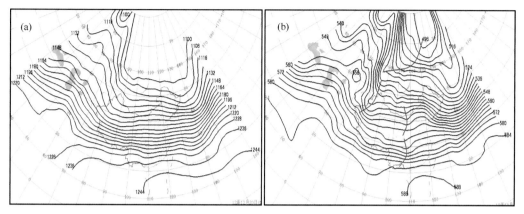

图 6 2012 年 12 月 20 日 08 时 200 hPa(a)和 500 hPa(b)高度场(单位:dagpm)

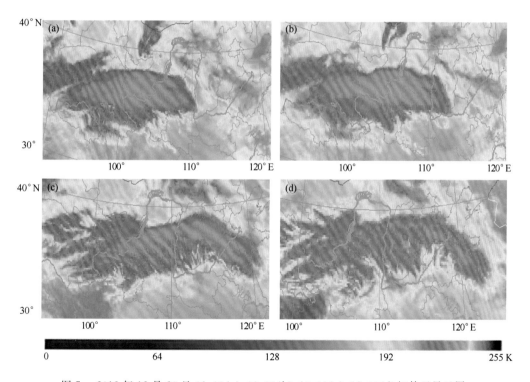

图 7 2012 年 12 月 20 日 01:00(a),03:00(b),10:00(c),12:00(d)红外卫星云图

计算多个个例表明,当 200 hPa 西风急流>60 m/s 时,云系平均移速约 1.1 个纬距/h,当 200 hPa 西风急流为 50~60 m/s 时,云系平均移速约 0.85 个纬距/h,当 200 hPa 西风急流为 40~50 m/s 时,云系平均移速约 0.73 个纬距/h。

3.1.4　螺旋状云系

地面常为回流与倒槽共同影响,500 hPa 上高原槽走向呈西北—东南向(这是与其他类云系明显不同之处),对应云系也呈西北—东南向,但分布呈现出明显的螺旋状结构,丝缕状层次感强烈,黄褐色、灰色相间,其 TBB 中心值一般在 220～240 K 之间,有时中间会有红色小云块,其 TBB 中心值一般小于 220 K,地面记录多为层状云,云顶高度较低,云层较厚。云系宽约 60 km 左右,长约 220 km 左右,其移向为西南—东北,在东北移过程中,逐步影响山西,造成山西大范围降雪,降雪以小到中雪为主,部分地区会出现大雪或暴雪,大雪或暴雪出现在黄褐色或红色云团内,TBB 等值线梯度最大处靠近中心区域。如 2006 年 1 月 18—19 日的降雪就属此类(图略)。

3.1.5　叶状云系

降雪前 12 h,地面常为回流形势,冷高压中心位于贝加尔湖以西,对应 500 hPa 上极涡偏北,冷空气势力偏北,中高纬度环流较平,贝加尔湖地区为发展强盛的高压脊。一般先形成盾形云团,造成小雪,河套西部地面高压底部、500 hPa 短波槽底前部易形成叶状云系,叶状云系形成于回流加强时期。云系首先生成于河套地区,形似一片叶子,呈红色,色调较均匀,云顶亮温较低,一般小于 220 K,说明云顶高度较高,其北侧边界比较光滑,其他方向边界较毛。在高空引导气流作用下,向东移动。在移动过程中,影响山西地区,造成山西大范围降雪,以中到大雪为主,云团最密实区域则出现暴雪。一般叶状云系造成的降雪范围大,强度也大,如 2006 年 2 月 26—27 日的降雪就属此类。此次过程先后由盾形云团和叶状云系共同影响造成(图 8 和图 9)。

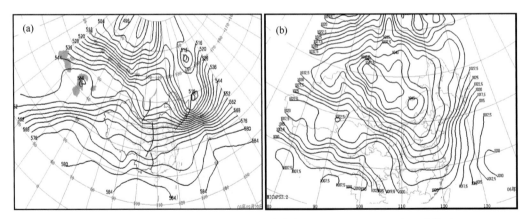

图 8　2006 年 2 月 27 日 08:00 500 hPa 高度场(a)和 26 日 08:00 地面形势(b)

3.2　TBB、TZT(对流层中上层大气水汽含量)分布与降雪

从以上分析不难看出,降雪一般出现在 TBB 小于 240 K 的冷云团内,大雪或暴雪则出现在 TBB 等值线梯度最大处靠近低值中心附近的区域,且 TBB 大小与未来 6 h 或 1 h 降雪量关系密切,可概括为表 1。

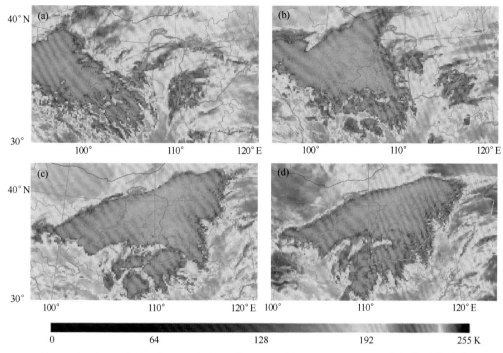

图 9　2006 年 2 月 26 日 21:00(a)、27 日 02:00(b)、08:00(c)、10:00(d)红外卫星云图

表 1　TBB 与降雪

TBB 阈值(K)	降雪量级	时间提前量(h)	降雪落区
230～240	小雪	6	该区域内
220～230	中雪	6	该区域内
＜ 220	大雪	3	等值线密集处、靠近大值中心附近
＜ 210	暴雪	1	等值线密集处、靠近大值中心附近

　　另外,分析降雪过程的 TZT(对流层中上层大气水汽含量)资料分布特征(图略)发现,降雪前,河套到山西的水汽含量明显增加,会出现一条水汽输送带,一般水汽输送带与云系走向接近,期间会出现大值中心,水汽含量大值区与未来 6 h 的降雪落区相对应,降雪出现在水汽带东南侧,湿度大值中心附近。若水汽含量大于 60%,以小雪为主,水汽含量大于 70%,会出现中雪,水汽含量大于 80%,会出现大雪,大于 90%则是暴雪的信号。

　　可见,对流层上层水汽含量的增加,是降雪出现的先兆信号,水汽含量大值区与未来 6 h 大的降雪落区对应,且先于降雪出现,对预报降雪有指示意义。

4　云团发展成因分析

　　任何云系均生成于一定的有利环流背景下,受环境场影响,有的原地减弱,有的东移很快,有的停留时间较长,且后部不断有新生的云块发展、东移,并入前部云团,使得云团进一步发展加强,造成降雪持续,降雪量也较大。

4.1　暖湿气流输送的作用

将降雪个例按照小雪、中雪、大雪、暴雪分类,分别计算降雪期间的总温度平流并分析其变化特征:降雪前 12 h,山西上空出现明显的暖湿气流输送,暖湿中心强度与低层风速有关,若降雪开始后,暖湿平流持续,则降雪不仅持续,强度也会增大;随着暖湿平流输送的减弱,冷平流的增强,降雪逐步减弱结束。降雪强度与近地层冷平流和中高层暖湿平流强度有关,降雪结束后,降温幅度与冷平流中心位置及强度有关。

选取 2007 年 3 月 3—4 日降雪个例,分析降雪期间的暖湿气流输送特征及其对云系发展的影响。2007 年 3 月 3—4 日,受螺旋状云系影响,山西出现大范围暴雪和大暴雪天气,降雪主要出现在 3 日白天到夜间,24 h 降雪量全省为 7.2～27.7 mm,其中有五个强降雪中心,分别位于西部的吕梁地区、北部的大同到忻州、晋中东部、临汾东部以及运城西南部,24 h 降雪量均超过 17 mm。

沿 112°E 作总温度平流的垂直剖面,分析其特征,3 日 08 时(图 10),山西上空出现明显的暖湿平流,存在两个中心,分别位于 850～700 hPa 和 400～300 hPa,中心强度分别达到 22℃/s 和 48℃/s,高层强度明显大于低层,而在近地层为弱的冷平流,对应风场上,整层为西南或偏西南气流,在低层 850～700 hPa 形成西南急流,急流风速达到 16 m/s,暖湿气流自西南向东北方向输送到山西地区。暖湿气流的输送,使得山西上空的云系不断发展加强,云的色调逐步加深,云层变厚(图 11a,b),云系随着引导气流不断向东北方向移动,在移动过程中,持续发展加强(图 11c,d),造成所到之处的强降雪。4 日 08 时,随着山西上空冷平流的加强,暖湿气流输送减弱,整层变为冷平流,降雪减弱结束。

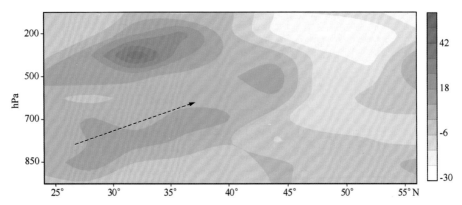

图 10　2007 年 3 月 3 日 08 时(b)总温度平流(℃/s)沿 112°E 剖面(虚线箭头为低层暖湿气流向云区的输送)

4.2　低层辐合上升的作用

分析降雪期间,低空风场和地面风场,发现,降雪期间,低空 700 hPa 存在强偏西南气流,850 hPa 存在强的偏东南或偏东气流,两支气流常在山西耦合加强;同时,地面出现中尺度辐合,辐合线东南侧存在西南或偏东气流。低空强气流前和地面中尺度辐合造成强烈的辐合上升运动,使得水汽不断从云团前部向云内卷入,致使云系不断发展加强,造成降雪的加强。如低空强气流达到急流,则降雪一般会达到大雪或暴雪,甚至大暴雪。

以 2007 年 3 月 3—4 日大暴雪天气为例,3 日 08 时(图 12a),螺旋状云系覆盖山西中南部,对应低空 700 hPa 形成偏西南急流,850 hPa 形成偏东南急流,两支急流在山西中南部发生

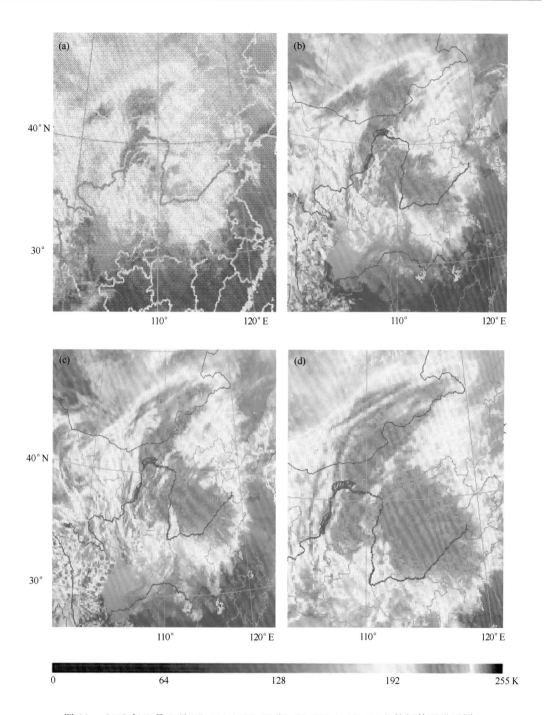

图 11　2007 年 3 月 3 日 07:00(a)、11:00(b)、14:00(c)、16:00(d)的红外卫星云图

转折,其前部产生强烈的辐合上升运动;而对应地面图上,08 时和和 11 时(图 12b)均存在明显的中尺度辐合,辐合线东南侧也存在西南气流和偏东气流,使得低层水汽不断向云团内卷入,云系不断发展、加强,在山西上空停留时间较长,造成山西大范围、长时间强降雪。

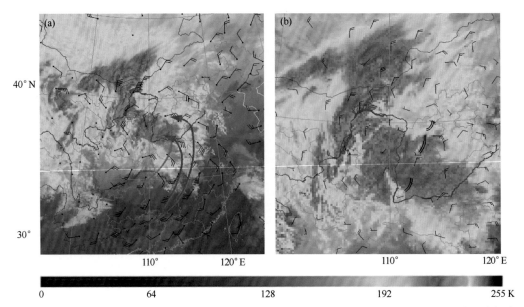

图 12　2007 年 3 月 3 日 08:00 卫星云图和 700 hPa、850 hPa 急流(a),3 日 11:00 云图和地面中尺度辐合(b)

为了量化地表征低空及地面的辐合作用,将降雪个例按照小雪、中雪、大雪、暴雪分类,分别计算降雪期间散度并分析其变化特征(图略):

降雪期间,山西上空均存在高空辐散、低空辐合的垂直结构,辐合中心一般在 $850 \sim 800$ hPa 之间,辐散中心一般在 $400 \sim 200$ hPa 之间,辐散中心强度明显大于辐合中心强度。降雪强度与辐散中心高度及辐合辐散中心强度有关,降雪持续时间与这种垂直结构维持时间有关。

小雪天气时,辐合中心较高,辐散中心较低,有时会出现在 600 hPa 附近,且中心强度较小,辐合中心强度一般大于 $-16 \times 10^{-6}/s$,辐散中心强度一般大于 $14 \times 10^{-6}/s$,这种结构持续时间仅 6 h 左右。中雪天气时,辐合中心在 850 hPa 左右,辐散中心在 400 hPa 左右,辐合、辐散中心强度一般分别小于 $-20 \times 10^{-6}/s$,和大于 $18 \times 10^{-6}/s$,这种结构一般会持续 $6 \sim 12$ h;大雪天气时,辐合中心在 850 hPa 左右,有时会达到 800 hPa,辐散中心在 $400 \sim 300$ hPa 之间,辐合、辐散中心强度一般分别小于 $-25 \times 10^{-6}/s$,和大于 $22 \times 10^{-6}/s$,这种结构一般会持续 $10 \sim 18$ h;暴雪天气时,辐合中心在 800 hPa 左右,辐散中心在 $400 \sim 200$ hPa 之间,有时会达到 200 hPa,辐合、辐散中心强度一般分别小于 $-28 \times 10^{-6}/s$,和大于 $25 \times 10^{-6}/s$,这种结构一般会持续 $12 \sim 20$ h,或在短暂的消失后,会再次出现此种结构,此时,不仅降雪持续,强度还会出现二次增幅,这种垂直结构,导致强烈的上升运动,使得云系不断发展、加强、合并,长时间在山西上空停留,造成山西长时间降雪。随着这种结构的减弱或消失,云系移出山西或不再发展,降雪逐步减弱结束。

4.3　地形的作用

吕梁山使得云系在山西西部加强,常会造成吕梁地区强降水,云系翻越吕梁山后,常发生断裂现象,影响区域分为北部和中南部,当云系移近山西境内其他山脉时,如太行山、王屋山等,受山脉前地形动力抬升影响,云系又会得到发展、加强,造成降水的二次增幅。

从大雪日数分布(图略)可看出,在西部吕梁山、东南部太行山、北部五台山、南部王屋山附近均出现一个大值中心,年均日数均在 1.5 d 以上,最大达到 2 d。分析大雪日数与经度、纬度、海拔高度的关系(图略)发现,年大雪日数与经度的关系为先递增、后减小、再递增的关系,在两翼山区达到最多,东部山区多于西部山区;与纬度的关系为先增后减,在 36°N 左右达到最多;而随着海拔高度的增加几乎呈线性增加。说明由于地形动力抬升作用更易出现大雪天气。

4.4 各类云系及其环境场特征

从以上分析不难看出,高空槽云系影响下,如果是过境型云系影响,一般降雪较小,持续时间也短,如果是后部云团发展型,则降雪时间长,强度也大。锋面云系影响下,降雪范围大、强度大,但时间相对短,若地面出现锢囚,降雪存在爆发性增幅的特点;降雪过后,会出现大风强降温。高空急流云系影响下,降雪范围大,但强度小,这是各类云系中,强度最小的一种。螺旋状云系影响下,降雪范围主要集中在中南部,但强度较大。叶状云系影响下,降雪强度大,范围也大,但持续时间相对较短,若有其他云系合并影响,降雪持续时间则较长。

另外,一次过程中,有时会出现先后两种云系影响,特别是出现云系合并时,降雪不仅会持续,而且会出现降雪的增幅,造成降雪持续时间长、强度大,影响范围大。

各种云系影响下,其云型及其环境场特征以及降雪特点概括为表2。

表 2 云型及其环境场特征以及降雪特点

云系分类		云型特征	环境场特征	降雪特点
高空槽云系	过境型	西南—东北向带状分布,黄褐色与灰色相间	500 hPa 高原槽,低空无明显系统配置,地面常为回流弱	降雪分散,量级小,持续时间短
	后部云团发展型	形似盾形或叶子状,近似南北向,盾形向西北上拱,其间黄褐色与灰色相间,有时会有红色云块	500 hPa 高原槽,上游不断有短波槽补充,低空存在低涡或切变线配置,常形成低空急流,地面回流明显	降雪范围大、强度大,持续时间长
锋面云系		呈带状分布,宽约 60 km,长约 130 km,红色,其西北方存在向西北上拱的红色云罩。发展初期,前部较毛,为黄色毛齿状;发展强盛时,云罩后部边界光滑,有时云系头部出现气旋式弯曲。其间会有对流云团发展	地面存在典型的锋面,500 hPa 高原槽,上游不断有短波槽补充,低空存在低涡或切变线配置,常形成低空急流;环境场会出现不稳定层结,地面有时会有锢囚	降雪范围大、强度大,有爆发性增幅特点,持续时间较短;降雪后会伴随大风降温
高空急流云系		近似东西向带状分布,一般为红色或黄色,色调较均匀。发展初期,四周边界清晰,发展强盛时,宽可达 70 km 左右,长达 230 km 左右	200 hPa 西风急流,500 hPa 中纬度环流较平,地面多为回流形势;低空切变线不明显	降雪分布较均匀,量级小,持续时间短
螺旋状云系		西北—东南向,但分布呈现出明显的螺旋状结构,丝缕状层次感强烈,黄褐色、灰色相间,有时中间会有会有对流云团。云系宽约 60 km 左右,长约 220 km 左右	地面多为回流与倒槽共同影响,500 hPa 西风槽为西南—东北走向;环境场会出现不稳定层结;低空会伴有低涡切变线	降雪范围大、强度大,持续时间较长
叶状云系		形似一片叶子,呈红色,色调较均匀,其北侧边界比较光滑,其他方向边界较毛。形成于地面回流加强期间	500 hPa 中纬度环流较平,冷空气势力偏北;地面多为回流形势	降雪范围大、强度大

5　结论

(1)依据卫星云图特征,可以将造成山西省降雪天气的云系概括为高空槽云系、锋面云系、高空急流云系、螺旋状云系、斜压叶状云系等五种。不同云系生成在不同的环流背景下,在其影响下,造成的降雪量级、范围及持续时间均不同。但无论是哪种云系影响,较大降雪均出现在黄褐色或红色云团内。

(2)降雪一般出现在 TBB 小于 240 K 的冷云团内,大雪或暴雪则出现在 TBB 等值线梯度最大处靠近低值中心附近的区域,且 TBB 大小与未来 6 h 或 1 h 降雪量关系密切;对流层上层水汽含量的增加,是降雪出现的先兆信号,水汽含量大值区与未来 6 h 大的降雪落区对应,且先于降雪出现,对预报降雪有指示意义。

(3)一次过程中,若有两种云系影响,特别是出现云系合并时,降雪不仅会持续,而且会出现降雪的增幅,造成降雪持续时间长、强度大、影响范围大。

(4)云系的发展加强与低层暖湿气流输送、辐合上升、地形动力抬升有着密切关系。

参考文献

姜俊玲,魏鸣,康浩等. 2010. 2005 年 12 月山东半岛暴雪成因及多尺度信息特征. 大气科学学报,**33**(3):328-335.

李进忠,王旭,郝雷. 2012. 2010 年 1 月阿勒泰地区特大暴雪过程的云图分析. 干旱区资源与环境研究,**26**(6):52-55.

李鹏远,傅刚,郭敬天等. 2009. 2005 年 12 月上旬山东半岛暴雪的观测与数值模拟研究. 国海洋大学学报,**39**(2):173-180.

刘宁微,齐琳琳,韩江文. 2009. 北上低涡引发辽宁历史罕见暴雪天气过程的分析. 大气科学,**33**(2):275-284.

苏德斌,焦热光,吕达仁. 2012. 一次带有雷电现象的冬季雪暴中尺度探测分析. 气象,**38**(2):204-209.

王晓滨,李淑日,游来光等. 2001. 北京冬夏降水系统中的云水量及其统计特征分析. 应用气象学报,**12**(增刊):107-112.

吴伟,邓莲堂,王式功. 2011. "0911"华北暴雪的数值模拟及云微物理特征分析. 气象,**37**(8):991-998.

杨文峰,郭大海,刘瑞芳等. 2012. 2009 年 11 月 10—12 日陕西特大暴雪诊断分析. 气象科学,**32**(3):347-354.

张腾飞,鲁亚斌,张杰等. 2006. 一次低纬高原地区大到暴雪天气过程的诊断分析. 高原气象,**25**(4):696-703.

赵桂香,程麟生,李新生. 2007. "04.12"华北大到暴雪过程切变线动力诊断. 高原气象,**26**(3):615-623.

赵桂香,杜莉,范卫东等. 2011a. 山西大雪天气的分析预报. 高原气象,**30**(3):727-738.

赵桂香,杜莉,范卫东等. 2011b. 一次冷锋倒槽暴风雪过程特征及其成因分析. 高原气象,**30**(6):1516-1525.

赵桂香,许东蓓. 2008. 山西两类暴雪预报的比较. 高原气象,**27**(5):1140-1148.

赵桂香. 2007. 一次回流与倒槽共同作用产生的暴雪天气分析. 气象,**33**(11):41-48.

赵俊荣,杨雪,杨景辉. 2010. 新疆北部冬季暖区大降雪过程中尺度云团特征分析. 高原气象,**29**(5):1280-1288.

周淑玲,丛美环,吴增茂等. 2008. 2005 年 12 月 3—21 日山东半岛持续性暴雪特征及维持机制. 应用气象学报,**19**(4):444-453.

周毓荃,赵姝慧. 2008. CloudSat 卫星及其在天气和云观测分析中的应用. 南京气象学院学报,**31**(5):603-614.